U0590379

走进科普世界

海洋开发技术

知识入门

苏　山◎编著

北京工业大学出版社

图书在版编目（CIP）数据

海洋开发技术知识入门/ 苏山编著. —北京：北京工业大学出版社，2012.12
（走进科普世界）
ISBN 978-7-5639-3371-6

Ⅰ. ①海… Ⅱ. ①苏… Ⅲ. ①海洋开发—技术—青年读物②海洋开发—技术—少年读物 Ⅳ. ①F742-49

中国版本图书馆 CIP 数据核字（2012）第 295863 号

海洋开发技术知识入门

编　　著：苏　山
责任编辑：李周辉
封面设计：北京盛文林文化中心
出版发行：北京工业大学出版社
（北京市朝阳区平乐园 100 号　100124）
010-67391722（传真）　bgdcbs@sina. com
出 版 人：郝　勇
经销单位：全国各地新华书店
承印单位：北京高岭印刷有限公司
开　　本：787 mm×1092 mm　1/16
印　　张：17
字　　数：234 千字
版　　次：2013 年 2 月第 1 版
印　　次：2013 年 4 月第 1 次印刷
标准书号：ISBN 978-7-5639-3371-6
定　　价：28.00 元

前言

广袤的海洋看似漫无边际，大多数地方犹如荒漠，然而，一旦具备适当的条件，生命便会喷薄而出并生生不息。那里是一个不断移动、不断发展的世界，每天都有生物不断地从黑暗的深海迁移至海面，之后再从海面返回深海，诸多强大的海洋生物每日游弋于毫无遮蔽的海域，以寻觅食物。但是，这些海洋生物仅仅寻觅食物是远远不够的，每一种海洋生物都必须确保自己的后代能够在残酷的栖息地占得一席之地。

因为有了海洋的存在，才使地球显得生机盎然；也正是因为海洋的存在，才使得地球上的人类对于脚下这颗星球的认识有了诸多困惑。在地球表面上约有70%的面积属于海洋，而地球所有的生命也都是来自远古的水体之中。或许在一些人的眼中，海洋中不外乎生活着形态各异的鱼，再者就是一些味道咸咸的海水。事实上，这些人对海洋的了解只局限于自己眼睛所看到的，而没有发现海洋中用眼睛无法看到的，诸如，海洋中的各种奇珍异宝、海底美丽的世界。要知道，在海洋中隐含着许许多多人类一直探索，却无从得知的奥秘。正如古希腊海洋学家狄未斯托克预言："谁控制了海洋，谁便控制了一切。"

随着人类对地球陆地有限的资源所展开的开发与利用，使得陆地上的资源不断减少，甚至接近于枯竭。现在，人类开始将资源开发与利用的方向转向海洋，而在海洋中到底存在什么样的资源？它为什么具备如此大的吸引力？

近一百多年来，随着人类进行的海洋调查与研究工作不断深入，人类对海洋的了解也越来越深。通过不断探索与研究，人们发现海洋中不仅存在着丰富的资源，甚至某些资源的储量比陆地上还要多，海洋可谓是一个名副其实的“聚宝盆”。它拥有石油、锰结核、海底热液矿藏、铁矿与煤矿等资源。海洋还是人类食物的重要来源；海水可以为人类提供淡水；通过潮汐发电，可以为人类带来丰富的能源。

既然海洋能够为人类带来如此巨大的资源与能源，那么，人类在开发海洋资源的过程中，势必要采取一定的方法与技术。只有运用恰当、正确的海洋开发技术，才能在有效开发海洋资源的同时不至于为海洋带来伤害。否则，海洋资源也将与陆地资源一样，会因为人类的恶意开发而陷入绝境。《海洋开发技术知识入门》这本书便是针对以往人类在开发海洋资源中所运用到的开发技术与方法，通过通俗易懂的语言，生动、有趣地将其展示到读者朋友们的面前。

目录

第一章　不可不知的海洋常识

早在几千年前，人类便已开始懂得利用海洋资源了。然而，由于当时的人类的生产条件与技术水平受到极大的限制，使得人们早期开发海洋的活动仅仅是通过一些比较简单的工具在海岸附近与近海中捕鱼虾、晒海盐与进行海上运输等。接下来，人类又渐渐地形成了海洋渔业、海洋盐业及海洋运输业等传统的海洋开发产业。到了20世纪50年代，一些沿海国家开始了海底煤矿、海底砂矿及海底石油的开采，这使得海洋资源越来越多地为人类服务。如今，人类对海洋的开发不仅有海水淡化、从海水中提取各类化学资源，还有对海洋生物的开发与利用、通过海洋发电等。但是，无论人类进行哪一项海洋开发，都必须懂得最基本的海洋开发常识。只有这样，才能更好地开发、利用海洋资源。

海洋的由来

刚刚进入20世纪之时，人们认为地球与其他行星一样，都是由太阳抛撒出来的物质而生成的。很多人都曾做过这样的假想：当时的地球渐渐地冷却时，由白热转变成了红热，之后再降低到普通的温度，直到最后降低到了水的沸点温度。随着地球不断地冷却，地球的大气层中便开始凝结起了水分，接着便开始下雨。就这样，雨一直不停地下，倾盆大雨不断滚落到滚烫的地面上，不断地发出“嘶嘶”的声音，而被烫得嘶嘶作响的水朝着四处迸溅。在这样连绵不断的大雨大气中，许多年过去了，地球上高低不平的地面最终冷却得可以容纳从天而降的雨水了，从而海洋便随之出现了。

大多数的人都认为：大约在50亿至55亿年前，由于云状的宇宙微粒与气态物质聚集到了一起，使得原始地球诞生了。在原始的地球表面，不仅没有大气的存在，更没有海洋的存在，是一个没有任何生命存在的世界。后来，在地球形成的最初几亿年时间中，由于地球的地壳非常薄，极薄的地球表面由于受到其他小天体的撞击，使得存在于地幔里的岩浆非常容易上涌喷出，这一时段的地球到处是一片火海。与那些岩浆一起喷出的还有大量的水蒸气，当这些气体升到空中时，便将地球笼罩起来，形成云层后便产生了降雨。通过无数年的降雨，地球表面的低洼之处的积水越来越多，从而形成了最原始的海洋。不过，当时的海洋中的海水并不多，并且略带咸味。之后，海水中的盐分才不断增多。随着水量与盐分的不断增加，再加上地质不断变化，原始海洋便慢慢地形成了现代的海洋。

另外，有些美国科学家曾经称海水来自冰彗星。这些美国科学家之所以提出这种说法，是因为他们通过对卫星拍摄的高清晰度的照片分析时，发现了以往没有见到过的洞穴。这一发现让科学家们认为，这些照片中的洞穴是冰彗星造成的，并且冰彗星的直径大多为20千米。当大量的冰彗星进入到地球大气层后，通过几亿年的发展，使得地球的表面积累了非常多的水，从而形成了如今的海洋。然而，这种说法依然没有足够的证据。

虽然上述这些说法具有极大的戏剧性，但事实证明，这几种说法存在着极大的错误。通过大量的证据证明，地球与其他行星并不是由太阳生成的，就连太阳这个人们原本认为造就地球与其他行星的星体，最初也是由物质微粒聚集而成的。在地球的表面也从来没有达到过太阳那样的温度。不过，由于在地球形成的过程中，微粒相撞是一定存在的，这些微粒相撞使得地球的表面温度也非常高，足够令其原本存在的大气与水蒸气全部消失。也就是说，刚刚形成时的地球是不存在固体、大气与海洋的。那么，地球的大气与海洋又是如何形成的呢？

通过研究发现，存在于地球构成物质中的不仅有水分，还有气体，这些物质与岩石松散地结合到一起。当受到地球重力的挤压，这些岩石变得越来越紧密，最终重叠到一起，再加上温度越来越高，使得存在于岩石中的水蒸气与气体不断流出来；这些由岩石中不断冒出的气泡汇集，使得地球出现了大量的地震，而那些岩石中迸发出来的热量则导致了火山的喷发。由此，科学家们指出，存在于海洋中的大量的水并非从天而降，而是来自地壳。

如今，一直困扰人们的是有关于海洋生成速度的问题。那些水蒸气是否在10亿年前或更短的时间就已全部从岩石中冒了出来？是不是自最初的地球生命诞生以来，海洋便是现在这个样子？如今的海洋是否还在继续扩展着？这些问题依然没有答案。因此，若想真正揭开海洋由来的面纱，还需要人们继续努力。

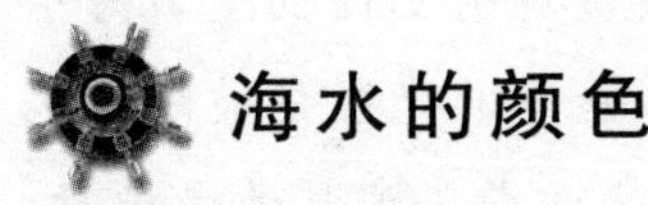

海水的颜色

地球在太阳系的八大行星之中有着“得天独厚”的优势。由于地球的大小与质量、地球与太阳之间的距离、地球围绕着太阳运行的轨道，甚至地球自转周期这些因素的相互配合与作用，使得地球表面的平均温度一直保持非常适中的15摄氏度，这也为地球表面液态、固态及气态水的存在提供了条件，再加上地球表面的水大多以液态的海水形式被聚集到了海洋之中，从而成为一个最具规模的含盐水体，也是整个太阳系中唯一一个具备海洋的星体。

或许在大多数人的意识中，海洋的颜色与海水的颜色是同一个意思，事实上它们是两个完全不相同的概念。海洋的颜色指人们日常所看到的大部分海面的颜色，对大海十分了解的人都会发现，海洋的颜色会随着天气的变化而发生着改变。在风和日丽的日子中，海面的颜色会是蔚蓝色的；在朝霞映辉的照射下，抑或是夕阳光辉的反照下，海面是金色的；一旦出现阴云密布的天气，海面的颜色又会变得阴沉晦涩，并呈现出深蓝色。不可否认，由于受到天气的影响，使得海洋表面的颜色会带给人们一种表象的视觉，它并不能代表真正海水的颜色。

海水的颜色是指海洋水体本身所显现出来的颜色，这也是海水对太阳辐射能的选择、散射及吸收等现象的综合作用而产生的结果，这也使得海水的颜色不会随着天气的改变而发生改变。在日常生活中，人们所看到的太阳光是由红色、黄色、绿色、靛色、蓝色、紫色及橙色的光合成的颜色。海水对不同波长的光线，不管是吸收还是散射都有着非常强的吸收性。海水在吸收方面，会在海面30～40

米的深度将进入海水中的红色、黄色、橙色等长波光线全部吸收掉；但在这一深度处，有着波长较长的绿色、蓝色、靛色等光线，特别是蓝色光线是很难吸收掉的，这些光线又会被反射到海面上。海水在进行散射时，在整个入射光线的光谱中，蓝色的光线是被海水水分子散射得最多的颜色，当蓝色遭遇到了海水水分子或其他微粒时，便会四面散开或反射回来。因此，从太空的角度来看，地球变成了蓝色的水球。

海水自身所具备的光学特性决定了海水水体的透明度与海水的颜色，无论是海水的透明度还是海水的颜色，都与太阳光的照射存在着极大的关系。通常情况下，太阳光照射越强，海水的透明度会越大，海水的颜色便会越深，太阳光透入到海水的深度也会越深；相反，太阳光照射光线越弱时，海水的透明度便会变低，海水的颜色也就越浅，透入到海水中的光线也会变得越浅。正是因为这种原因，使得海水的透明度越来越低时，海洋的颜色会从绿色、深绿色不断转变成青蓝色、蓝色、深蓝色。

会对海水透明度与海水颜色造成影响的还有海水中所悬浮的物体的性质与状况。通常情况下，大洋有着非常辽阔的水域，悬浮物比较少并且颗粒细小，海水的透明度便比较大，海水会呈现出蓝色。接近陆地的海域，因为大量泥沙的混浊、悬浮物比较多，并且悬浮物的颗粒比较大，从而令海水的透明度降低，海水颜色会呈现出绿色、黄色及黄绿色。

海水的透明度与海水的颜色还会受到纬度变化的影响。在热带与亚热带的海域，由于海水的水层稳定，海水的颜色大都是蓝色。在温带与寒带海域，由于海水的颜色比较浅，海水便不会太蓝。此外，海水中所含盐分与其他因素也会对海水的颜色产生影响。当海水中的盐分比较多时，海水的颜色便比较蓝；当海水中的盐分比较少时，海水的颜色大多为淡青色。

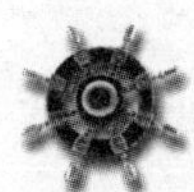

海水的物理成分

海水中有着诸多物理方面的因素，比如海水的密度、海水的温度及海水的透明度与海冰等，这些都属于海水的物理成分。以下便是对海水物理成分的具体说明：

海水的密度是指单位体积内所含海水的质量。相对于淡水的密度而言，海水的密度较大一些。海水的密度之所以会相对大一些，是因为其中含有的诸多溶解盐类，并且随着温度、海水所含盐度及气压的变化，海水密度会出现不同的变化，当海水的温度升高时，海水的密度会随之减小；而随着海水含盐度的增大及气压的增加，海水的密度便会随之增大。

海水温度是对海水热量进行度量的重要指标，它也属于海洋热能的一种表现形式。通过海洋热能不但可以驱动大部分的大洋环流，还可以对海洋生物系统的运转速度进行制约。由于太阳辐射的热量照射到海洋之上，从而导致了海洋热量源源不断地释放出来。太阳辐射能量中有着8%的热量又被海面反射到了大气，而其他的太阳辐射热量则全部被海水吸收，因此，使得海洋表面的年平均温度通常在-2～30摄氏度，而全世界的海洋年平均水温约为18摄氏度。这一数字相对于全球陆地的年平均气温高出3.1摄氏度。

然而，在一年的不同季节，海洋表面的温度也是不断变化的。通常情况下，低纬度海区的水温要比高纬度海区的水温高；对同一个海域而言，夏季的海面温度要比冬季的高；赤道海域的表面水温是最高的。随着海洋的深度越深，海洋的温度也会越来越低，海洋上层的温度降低得比较快，而下层的温度则降低得比较慢，温度随着海洋深度而迅速降低的大洋水层被人们称之为温跃层。温跃层是海洋生活以及海水环流的重要分界面，这一海洋层通常都位于海平面下的100至200米的深处。

在现实的海洋世界中，并不是所有的海水都呈现出清澈透明的状态的。在一些海域，海水确实是清澈透明的，太阳光可以照射到海面之下非常深的地方；而在另一些海域，海水则呈现出混浊的状态，太阳光只能照射到非常浅的海面下层。影响海水透明度的因素不仅有海水颜色、浮游生物、水中悬浮物，还有来自海水的涡动及入海径流，甚至连天空中的云量这些因素都可以影响到海水的透明度。通常情况下，远离海岸的海水有着比较高的透明度，而挨近大陆的海水的透明度会比较低。

相对于淡水结冰点为0摄氏度的数值而言，由于海水中有着比较高的盐含量，因此，海水的结冰点要低于淡水。随着海水中所含盐量的不断增大，海水的结冰点会不断降低，这也是海水不容易结冰的原因之一。海水密度最大时的温度低于淡水密度最大时的4摄氏度，并且这个数据会随着盐度的增大而降低。因此，海水的结冰过程是十分缓慢的。海冰的形成过程十分复杂，从物理的角度来讲，寒冷的天气可以导致海水的表层散失热量，而随着海水温度的降低与密度的增大，海水便会出现正常的情况，由于海水底层的密度偏小，海水底层的水便会上升至海面。如此一来，导致海水垂直对流的过程便开始了，一旦出现对流便会令整个海水的密度保持稳定，当海水停止对流时，便会形成冰。

海水的化学成分

存在于地球表面最主要的水体是海水，也是全球水循环的关键起点与归宿，更是各大陆外流区的岩石风化产物的最终聚集地。尤其是存在于海水水体与海洋中的各种组成物质，对人类的生存与发展起着十分重要的作用。那么，海水中有哪些化学物质呢？海水具备哪些化学性质呢？

大家都知道，有关于海水的历史可以追溯到地壳形成的最初阶段。在经历了漫长的岁月之后，由于地壳不断地发生变化及海洋生物的不断活动，使得海水的化学成分所具备的性质也受到了非常大的影响。科学家们在对海水的化学成分进行研究后得出结论：海水是一种混合的溶液，其所含成分十分复杂。海水所包含的物质可以分为三大类，即溶解物质、气泡及固体物质。溶解物质包含各种盐类、有机化合物及溶解气体；固体物质包含了有机固体、无机固体及胶体颗粒。海洋中有96%～97%的水分，别有3%～4%的溶解于水的各类化学元素与其他物质，而这些溶解性化学元素又有许许多多种。

到目前为止，科学家们发现了80多种海水化学元素，这些化学元素主要有氯、钠、镁、硫、钙、钾、溴、碳、锶、硼、硅、氟等，这12种元素占海水化学元素总量的99.8%～99.9%。因此，科学家们将这些元素称为海水的大量元素，而其他元素所占的比例比较小，因而被称为海水的微量元素。由于这12种化学元素的离子浓度之间的比例几乎不会发生变化，导致了海水具备恒定性。通过海水的恒定性，人们可以有效地计算出海水盐度。

通常情况下，那些可以溶解于海水的元素是以盐类离子的形式存在的。海水中主要的盐类含量存在着极大的差别，尤其是氯化物含量比较高，可以达到盐类总量的80％以上。再者就是占到盐类总量10.8％的硫酸盐。

或许有人会问，为什么海水中有着那么高的含盐量呢？事实上，海水的盐分主要来自大陆，奔腾不息的河流在流入大海时，同样会将其所溶解的盐类带到海水中。尽管这些盐分与海水存在着差异。但是，由于碳酸盐的溶解度是非常小的，当这些盐分注入海水中后，会在短时间内得到沉淀；再加上海洋生物能够大量地吸收碳酸盐构成骨骼与甲壳，一旦这些海洋生物死后，它们的骨骼与外壳便会沉积到海底。如此一来，便会有效地降低海水的碳酸盐含量。这样便可以令硫酸盐的含量趋向于平衡，使得氯化物消耗得到最小化。时间久了，存在于海水中的盐分与河水中的盐分便会出现明显的差异。

海水所含的盐度是指海水中所有溶解物质与海水的重量之间的比率，全世界大洋的平均盐度大约为3.5％，海洋中的总盐量都是比较固定的。不过，在不同的海域与同一海域的不同时期，海水的含盐度是不同的。通常，海水的含盐度会受到降水量与蒸发量的影响，蒸发往往可以令海水浓缩，而降水又会令海水得到稀释。因此，在降水量比蒸发量大的海域，其所含的盐度往往比较小；相反的海域，海水所含的盐度则会比较大。

氧气与二氧化碳是存在于海水中的主要气体，由于大气与海洋植物发生的光合作用，使得海水中有着大量的氧气存在；受到大气与海洋生物的呼吸作用及海洋生物残体的分解，使得海水中的二氧化碳的含量也不少。由此可见，决定海水中的氧气与二氧化碳含量的因素是大气与海洋中的植物与生物的多少。当海洋中的植物处于生长茂盛期时，其光合作用便会十分强烈，从而令海水中的氧气含量增多，海水中的二氧化碳含量便会减少；而当海洋生物的残体比较多海洋植物的光合作用又比较弱时，海水中的氧气含量便会减少，

二氧化碳的含量便会增多。当海水的温度有所升高时，海水的含氧量也会随之减少；当海水的温度下降时，其海水的含氧量又会随之增多。

很多人都将海洋认作是地球气候的调节器。之所以会这样，是因为海水中的二氧化碳的溶解度是非常有限的，但是由于海洋中的植物可以消耗大量的二氧化碳，尤其在微碱性的海洋环境中，海水中所含的二氧化碳还会与钙离子相互结合，生成碳酸钙沉淀。如此，来自大气中的二氧化碳便会持续不断地被溶解到海水之中，因此，海洋上空与海边的空气十分新鲜。这也是人们将海洋称为地球气候调节器的原因所在。

地球气候的“调节器”

大家都知道，自然气候对人类生活有着至关重要的影响，而决定地球气候的因素之一便是海洋。由于海洋中的海水与大气的能量物质交换与水循环等因素的存在，使得海洋在调节与稳定地球气候方面发挥着决定性的作用，因此，人们将海洋称为地球气候的“调节器”。

地球之所以会出现变幻莫测的气候，主要是受地球大气层受热与大气层中所含有的水汽量决定的。由于太阳光的照射，令地球表面产生了质量。但是，太阳光照射转变成地球热量的前提条件是需要通过海洋调节，进而对地球的气温产生影响。

照射到地球上的太阳光是短波辐射的方式。在其通过地球大气层时，只有其中一小部分被地球大气层直接吸收，大多数照射到地球的表面，从而令地球的表面温度增高。随着地球表面的温度不断升高，地球的表面便会不断地朝外发射出辐射，而这种辐射与太阳的短波辐射是不尽相同的，这种辐射属于可以发散出热但却不发光的长波辐射，即热辐射。对于地球大气层而言，这种热辐射是非常容易令其吸收的，也正是吸收了这种热辐射，才使得地球大气层的温度得到了提升。

在地球的表面，有三分之二以上（约 71%）被海洋占据。海洋也是地球大气层中热量的主要来源，尤其是海洋的热容量远远大于空气，1 立方厘米的海水温度降低 1 摄氏度放出的热量便可以令 3000 立方厘米的空气升高 1 摄氏度。由于海水具有透明性，为太阳光照射到海面下比较深的地方提供了条件。在太阳光的照射下，海

洋有着相当厚度的水层都贮存了大量的热量。曾经便有科学家指出，若是全世界 100 米厚的海洋表层温度降低 1 摄氏度的话，其释放出来的热量便可以令全球的大气层温度上升 60 摄氏度。由此也说明了，长期储存于海洋之中的热能犹如一个锅炉一般，通过能量的传递令地球的天气与气候受到巨大的影响。

存在于地球大气层中的水蒸气，其主要来源是海洋。当海水不断蒸发时，会有大量的水汽被散发到大气层中。占到地球表面总蒸发量 84％的海洋蒸发，每天平均将 3.6 万立方米的海水转化为水蒸气。一旦地球大气层中的水蒸气的含量增多了，便会令大气层变得非常轻薄、新鲜。海洋还能够将排放到大气层中 40％左右的二氧化碳吸收掉，从而降低了二氧化碳对人类生存环境的影响，更能有效地遏制全球气候变暖。因此，海洋是当之无愧地在球大气热量与水气的提供者。海洋所具备的热状况与蒸发情况将直接对地球大气层的热量与水气的含量及分布产生影响。

地球气候的变化也会对海洋产生极大的影响。当地球的气温不断上升时，便会令海平面与海水的温度升高；当海洋吸收大量的二氧化碳后，便会令海水的酸性增强。这些因素将直接对海洋与海岸生态系统产生破坏性的影响。所以，地球有着什么样的气候对海洋的影响也是至关重要的。不仅如此，地球气候的变化也会导致海洋的气候模式与洋流出现改变，进而导致海洋灾难遭受极大的损害。特别是海水酸化出现倒灌的现象，并流入陆地，与对河口、入海口等生态系统造成极其严重的破坏。因此，地球的气候与海洋有着密不可分的关系，只有维护好两者之间的关系，才能为人类提供一个良好的生存空间。

海陆分布情况

通过地球仪，人们不难发现，地球之上的海陆分布是非常不均匀的。从南北半球的角度来看，在北半球主要是陆地，在南半球则主要分布着海洋；从东西半球的角度来看，西半球主要分布着海洋，而东半球则主要分布着陆地。地球主要由大陆、岛屿、半岛、海与海峡组成。

在地球上有着比较宽广且完整的陆地存在，这便是大陆。地球上总共有六块大陆，即非洲大陆、南美大陆、北美大陆、亚欧大陆、澳大利亚大陆及南极大陆，其中，亚欧大陆是由亚洲与欧洲两大洲组成的。

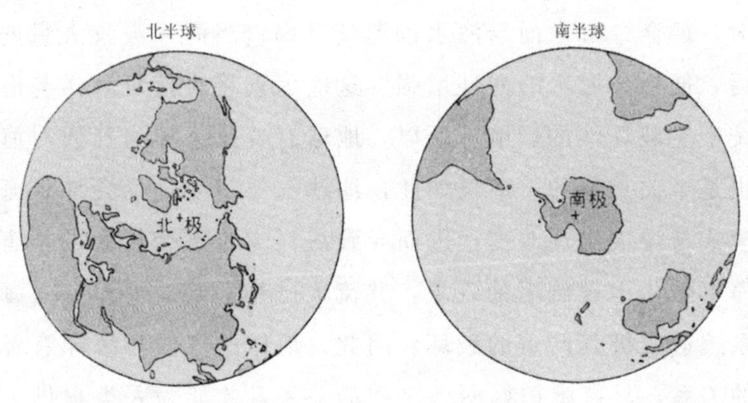

南北半球的海陆分布图

伸入到海洋或湖泊的陆地，只有一面连接着大陆，而其他三面都被海洋或湖泊环绕，这便是半岛。通常情况下，比较大的半岛大都由地质构造断陷的作用形成的；由沿岸泥沙流携带泥从陆地朝着岛区堆积，抑或岛屿受到海浪侵蚀，令碎屑从岛屿朝着陆地堆积，从

而将岛屿与大陆连接到一起形成陆连岛。世界上大多数的半岛都分布于大陆的边缘地带。

那些分布在海洋、湖泊或江河之中的四面被水环绕、在高潮时露出水面、自然而然地形成的陆地被称之为岛屿。通常情况下，岛屿可以分为大陆型与海洋型两种。其中，大陆型岛屿是指被水包围着，但是并没有被淹没的部分；而海洋型岛屿指从海洋盆地升高到海面的岛屿。一般在比较狭小的地域集中两个以上的岛屿，便被人们称为“群岛”，以列状排列的群岛则被称为“列岛”。若是一个国家的全部国土都位于岛屿之上，这样的国家便被称为“岛国”。

由诸多岛屿的多个部分相连的水域与其他自然地形组合而成的是群岛。最初的时候，人们将群岛定为为分布着诸多岛屿的海。随着社会的发展，人们又将巴拿马湾中的珍珠岛与太平洋的土阿莫土群岛归为群岛之列。群岛按照形成的原因可以分为：由构造升降而形成的构造群岛、受到火山作用而形成的火山群岛、由生物骨骼而形成的生物礁群岛、通过外力条件形成的堡垒群岛。群岛的大小也是不尽相同的，在很多大型的群岛之中往往有着诸多小群岛的存在。在全球总共有 50 多个十分重要的群岛，其中，太平洋有 19 个，大西洋有 17 个，印度洋有 9 个，北冰洋有 5 个。

有着“黄金水道”与“海上走廊”之称的海峡，是两块陆地之间连接着两个大洋或海的比较狭窄的水道。通常情况下，海峡的海水都比较深，水流也十分湍急。在全球有 1000 多个海峡，最为著名的有白令海峡，这一海峡连接着北冰洋与太平洋；而土耳其海峡则将地中海与黑海连接到一起。

海洋的中心部分、距离大陆比较远的海域被称为大洋，与大陆距离比较近的海洋被称为海。在全球所有的海洋中，89％的面积属于大洋。由于大洋有着比较深的深度，海水的温度与盐度是不会受到大陆的影响的；由于海的深度比较小，使得海水很容易会受到大洋与大陆的影响，季节的变化也非常明显地显现出来。在整个世界海洋中，有着11%的面积属于海。从地理位置的角度来区分，海又分成内海、地中海及边缘海三种。内海是深入大陆内部的海，仅有狭窄的水道与大洋相通，面积小，海水浅，水文特征受周围大陆的影响，比如渤海、波罗的海。地中海也称陆间海，是处于几个大陆之间的海洋。这种海的面积和深度都比较大，有海峡与毗邻海区或大洋相通，比如地中海、加勒比海等。边缘海也称边海、缘海，存在于大陆与大洋的边缘，其中的一侧是以大陆作为界限，另一侧由半岛、岛屿或岛弧与大洋分隔，但水流交换通畅，比如中国的黄海、东海、南海等。

海陆分布特点与气候

大家都知道，按照海陆分布的情况，可以将全球的海洋分为四大洋，即太平洋、大西洋、印度洋与北冰洋，这四大海洋之间并不存在天然的界线，它们通常是以海洋深入的海岭或某条经线作为分界线的。那么，海陆分布有着什么样的特点呢？海陆分布对地球气候又有着什么样的影响呢？以下便是世界海陆分布所具备的几点特征：

第一，北半球有着五分之二的面积属于陆地，那里也是陆地最大的地区，尤其在中纬度与高纬度地带，陆地几乎是连接成一片的。在南半球，陆地面积仅仅占到了五分之一，尤其在南纬 56～65 度之间的地带，那里几乎被海洋占据着。

第二，全球陆地的分布是相对比较均匀的，但除了南极的陆地之外，南美大陆与北美大陆、非洲大陆与欧洲大陆、澳大利亚大陆与亚洲大陆，这每一对大陆之间都存在着地壳破裂的地带，那些破裂地带形成了比较深的陆间海，在陆间海中有着比较多的岛屿，也是最容易引发火山爆发与地震的地区。

第三，通常情况下，大陆分布的轮廓是北宽南窄、呈倒三角形的，比如亚欧大陆、南美大陆、北美大陆及非洲大陆就是倒三角形的。除了南极大陆之外，澳大利亚大陆也具备北部相对比较宽的特点。

第四，那些比较大的岛屿与弧形的列岛通常分布于大陆的东岸，而亚欧大陆、澳大利亚大陆及北美大陆都有着东倾凸出的特点，在这些大陆凸出的岛弧的边缘都是一些深海沟。与大陆东岸相比，大陆西岸的岛屿呈弧形排列，而且很少有大的岛屿。

事实上，地球气候与海陆分布有着很大的关系，由于海陆特点的影响，地球气候形成了大陆性气候与海洋性气候两种，这两种气候之间存在着极大的差别。其中，大陆性气候有着变化大且快的显著特点，大陆性气候的日温差与年温差之间存在着比较大的数值。随着气温的不断变化，在一年之间大陆性气候最温度的季节当属七月，而这种气候类型最寒冷的季节会出现在一月份。在拥有这种气候的地区，每当春季到来，气温便会快速地上升；而到了秋季，气温降低得也非常快；通常情况下，春季的季度要比秋季的温度高。大陆性气候在日变化中，通常在下午一点至两点之间达到最高的温度，黎明时分的气温是一天中的最低气温。此外，大陆性气候还具有比较少的降水量的特点，并且降水季节与地区分布得非常不均匀。受到大陆性气候影响的地区，那里的相对空气湿度都非常小，通常这些地区会出现干旱或半干旱，通常那里的年降水量还不足400毫米，甚至还有一些地区的年降水量无法达到50毫米。

相对于大陆性气候而言，海洋性气候具有年变化与日变化比较小的特点。通常情况下，受海洋性气候影响的地区，一年之中出现的最高温度的月份是八月份，而最低温度的月份是二月份。海洋性气候的气温变化要比大陆性气候稍晚一些。具备海洋性气候的地区，其降水量的季节分配是十分均匀的，降水量日期平均，并且没有太大的强度。由于海洋性气候的地区多云雾，因此，一年四季的湿度都很多。这类气候类型的气温变化小。

除此之外，海陆分布的特点也会对地球的气压与地球风产生一定的影响。季风便是受大陆与邻近海洋之间存在的温度差而形成的。随着地球气温分布的变化，地球的气压分布也是在不断地变化。每当夏季，大陆属于热源，海洋则成为了冷源。在这样的情况下，陆地的气压便会处于比较低的状态；而海上的气压则会比较高，这样便令从海洋向大陆吹来了风。每当到了冬季，海洋则成为了热源，而大陆变成了冷源。在这样的情况下，海上的气压又会比较低，而陆地的气压则非常高。这时，陆地的风又会吹向海洋。随着大陆与海洋之间风向的变化，使得地球上的气候也出现了巨大的变化。

海峡与海湾

在自然地理之中，海峡与海湾对人类的生活起着十分重要的作用，与人类的生活密切相关。在一望无际、浩瀚辽阔的海洋之上分布着景色宜人、星罗棋布的海岛及风急浪高、有着“海洋咽喉”之称的海峡；海湾则处于海洋的边界，那里水深浪小，因此，海湾又有着“海上走廊”的称号。

在海洋之中，存在着连接两个海域、宽度比较小的水道，这便是海峡。海峡的水通常是比较深的，水流比较湍急，并且有非常多的涡流。海峡在海上地理位置是十分重要的，不仅是海上交通的要道与航运的枢纽，更是自古以来的兵家必争之地。虽然在全球总共有1000 多个海峡，但是仅仅有 130 多个海峡适宜于航行。那么，是什么原因导致海峡的形成呢？

当海水经过地峡的裂缝时，由于受到长时间的侵蚀，抑或海水淹没下沉的陆地低凹处，从而使得海峡形成。存在于海峡内的海水，不仅在温度、含盐度等方面有着比较大的变化，就是水色与透明度等水文要素也有着比较大的变化。存在于海峡内的海流，一些是从左右流入、流出的，而一些是从上下层流入、流出的。流入海峡中的水来自不同的海区，这便导致了来自于上下层或左右侧的水文存在着极大的差别，尤其在海峡的底部大多为坚硬的岩石或沙砾，极不容易堆积下来细小的沉积物。

只有一面是海、其他三面都处于大陆的怀抱中的便是海湾。由于海湾所具有的固有特点，使其呈现出 U 形或圆弧形。海湾最外界的分界线是湾口附近的两个对应海角的连续。在地球上存在着诸多大小不一、数量众多的海湾，这些海湾所占的面积远远大于峡湾，通常情况下，这些海湾的深度与宽度都是由外海或大洋朝着内陆的方向不断减小的。

海湾

大多数的海湾都分布于北美洲、欧洲及亚洲的沿岸。一些海湾的名称是不用加以区别的，比如波斯湾；一些海湾却是需要区别其名字的，比如墨西哥湾事实上是海。海湾内的水体在一般情况下都是相对平静的，没有大的风浪，有着比较多的泥沙堆积。正是因为这种原因，使得海湾成为海洋渔业资源十分丰富的区域，更是人类开发旅游行业的重要区域。

关于海湾的形成原因，科学家们给出了这样的答案：伸向海洋的岩海岸带性软硬程度存在着极大的不同，那些比较软的岩层由于受到了侵蚀而不断朝着陆地凹进，并不断形成海湾；而那些比较坚硬的岩层则不断朝着海突出并形成岬角。其次，随着沿岸泥沙不断纵向运动，使得那里沉积的物体不断形成沙嘴，当沙嘴形成之后便会遮挡住海岸带一侧，进而形成了凹形海域。再者，当海面上升到一定的高度时，海洋的水流便会朝着陆地流去，使得岸线变得曲折，凹进的部分便会形成海湾。

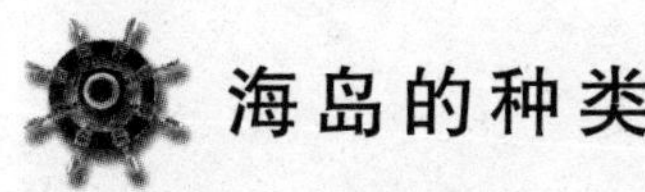

海岛的种类

海岛的种类按照各类岛的形成原因的不同，分为火山岛、珊瑚岛、大陆岛及冲积岛。

从海底火山中喷发出来的物质堆积到一起，便形成了火山岛。随着存在于海底的火山熔岩不断地堆积，一直到相当大的厚度后，便突出于海面之上。按照性质的不同，火山岛又分为大洋火山岛与大陆架或大陆坡海域的火山岛。其中，大洋火山岛与大陆的地质构造并不存在联系；而大陆架或大陆坡海域的火山岛与大陆地质的构造存在着联系，只是这些岛屿与大陆岛是不同的，处于大陆岛与大洋岛之间。

当海底火山喷发时，火山所喷发出来的熔岩不仅进行着堆积增高，而且令火山岛形成了圆锥形，这种形成物被称为火山锥。火山锥的顶部通常是大小、形状及深浅都不相同的火山口，而在火山喷发的地方大都形成了地势崎岖的丘陵。通过多次的复活喷发与崩塌，再加上长达数百年的风化剥蚀形成，存在于岛上的岩石不断发生破碎并渐渐土壤化，因此，火山岛便会出现动物与植物。由于火山岛形成的时间、面积及物质组成与自然条件之间存在着极大的差异，因此，火山岛的自然条件也是不尽相同的。

火山岛大都分布于太平洋地区，比如世界闻名的阿留申群岛与夏威夷群岛等。而我国所拥有的火山岛不过有100个左右，这些火山岛主要分布于台湾岛的周围，在渤海海峡、东海大陆架边缘及南海大陆坡阶地也有着几处火山岛。

火山岛

接下来要提到的是珊瑚岛，这类海岛属于海洋岛的一种，通常分布于热带海洋之中，其形成与大陆的构造、地质演化及岩性并没有关系，这便导致了人们将珊瑚岛与火山岛合称为大洋岛。存在于海洋中的珊瑚虫的遗骸所构成的岛屿便是珊瑚岛。当海洋中的珊瑚虫死后，它们的身体中所含的胶质可以将其骨骼结在一起，就这样一层一层地粘到一起，日积月累之后便形成了礁石。珊瑚岛的外表被一层磨碎的珊瑚粉末——珊瑚砂与珊瑚泥——覆盖着。珊瑚岛按照其形态可以划分为岸礁、堡礁及环礁三种类型。岸礁是沿着大陆或岛屿岸边不断生长发育的，外观呈现出长条形，主要分布于巴西海岸与加勒比海。距离海岸比较远的、呈现出堤状的礁体是堡礁，又称堤礁，这种岛屿与海岸之间存在着潟湖，最为著名的堡礁是澳大利亚东海岸外的大堡礁。分布于大洋之中的环礁，其呈现出来的形状是多样化的，外观通常呈现出环状，主要分布于太平洋中部与南部，并且通常以群岛的形式存在。

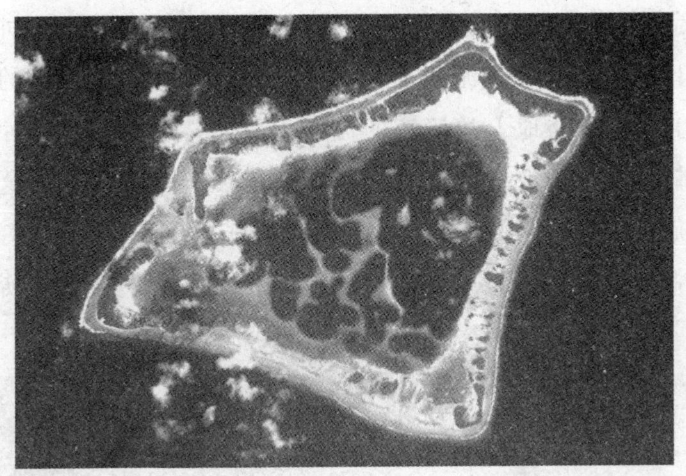

珊瑚岛

再者就是大陆岛，它们通常分布在距离大陆很近的海洋上。事实上，大陆岛在最初的时候属于大陆，由于陆地局部下沉或海洋水面普遍升高，下沉之后的陆地与地势比较低的地方便会被海水淹没，而比较高的地方则依然露出海面，那些露出海面的部分便成了海岛。不过，还存在一些大陆岛，是大陆在漂移的过程中被甩下来的小陆地，这类大陆岛主要有新西兰与马达加斯加岛等。虽然大陆岛大小不一，但是全球的大岛都属于大陆岛，比如伊里安岛、加里曼丹岛及格陵兰岛。大陆岛最大的特点便是与大陆有着非常相似的地貌特征。

大陆岛

最后要提到的海岛类型便是冲积岛，又被称为冲击岛。冲积岛是由陆地上的河流携带着泥沙不断流入海中，沉淀之后形成的海上陆地。由于存在于陆地上的河流的流速比较快，带着从上游冲刷下来的泥沙流到宽阔的海洋后，其流动的速度便会大大减小，这样携带而来的泥沙便会沉积于河口附近。时间久了，沉积的泥沙越来越多，并渐渐地形成了高出海面的陆地，即冲积岛。由于冲积岛所具有的特性，使得这类岛屿有着“海中田园”的称号。

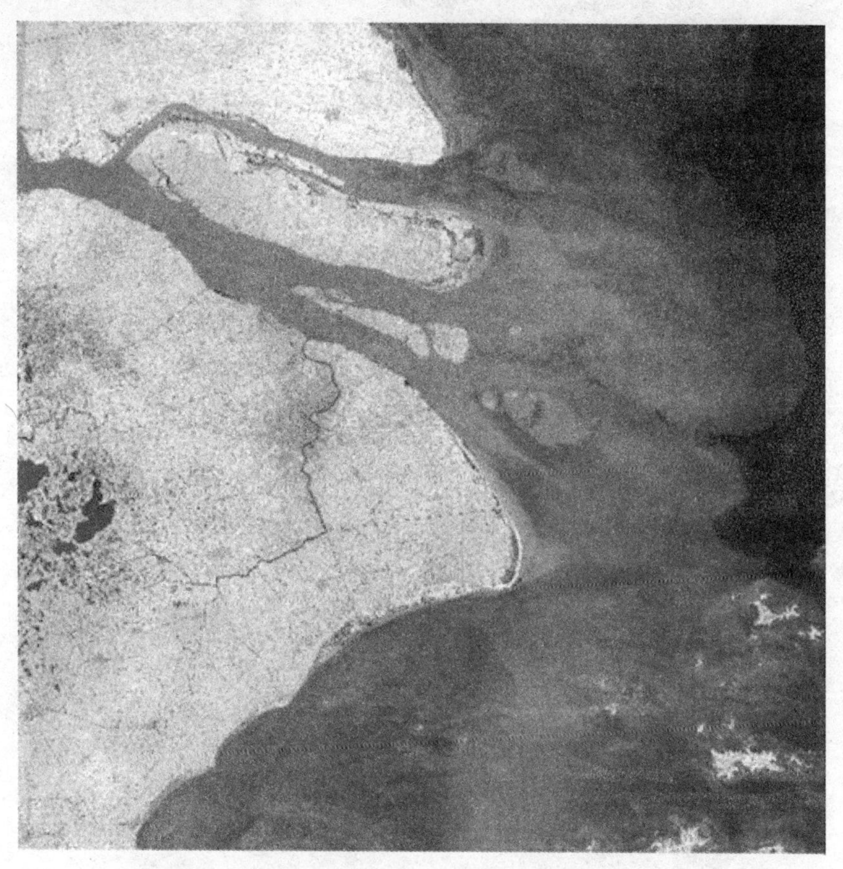

冲积岛

在全球，许许多多河流在流入海洋的地方会形成一些冲积岛。不过，冲积岛的形成原因却是不尽相同的。比如，一些冲积岛是在由于涨落潮流不一所致而形成的暖流区，由于泥沙不断堆积而形成的；

而一些却是因为河心的沙滩发育而形成的；一些是因为河流中的岛阻挡水流产生河汊，在河汊处流速比较慢的一侧泥沙便会形成沉积，从而出现沙垣且不断形成冲积岛；还有一些冲积岛是由于河口的沙嘴发育而成；再者就是因为波浪不断侵蚀沙泥海岸，并从海岸分离出小块陆地而形成了冲积岛。

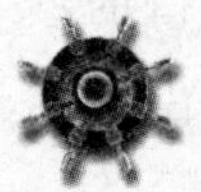

海洋的运动——洋流

相信人们对海洋都有所了解，假想一下：自己站到海边眺望远处的海面，享受大海所带来的宁静。然而，当人们再次近望海岸时，却又看到了不断被海水冲刷的沙滩，抑或是海水不断地轻轻拍打着岸边的礁石，这时才会发现海原来并没有那么平静。通过对海的观察，人们很轻易地便可以发现，海水并非是平静的，而是无时无刻都在运动。海水运动的主要方式之一便是洋流。那么，什么是洋流？洋流又是如何形成的呢？

洋流也被人们称为海流，是海洋水通过水平方向流动，这种流动具有一定的规律性与稳定性。造成洋流形成的原因有多种，其中最主要的原因是长时间的定向风的推动。全球各个大洋的主要洋流分布都与风带存在着十分紧密的联系，洋流流动的方向与风向一致。在北半球，洋流流动方向是向右偏的；而在南半球，洋流流动的方向则是朝左偏的。在热带地区与副热带地区，存在于北半球的洋流大都是围绕着整个热带的高气压进行着顺时针方向的流动；而在南半球，高气压则进行着逆时针方向的流动。不过，每条洋流的流向一直都是沿着固定的路线进行的。

洋流分为寒流与暖流。寒流是指从高纬度流向低纬度的洋流，比如环南极洋流，便是在西风的作用下，从西向东环绕于非洲、南美洲、澳大利亚与南极之间的寒流。对于这种寒流，大陆无法给予其任何阻力，它会随着风非常自由地漂流，因此，人们又将其称为西风漂流。西风漂流的宽度在 300～2000 千米之间，其表层的流动速度则在 1～2 千米/时。也正是因为如此，西风漂流成为世界大洋中最

大规模的寒流。

与寒流相反的是，暖流流动的方向是从低纬度向高纬度的洋流。如今世界上存在的最强大、影响最深远的一支暖流为墨西哥湾暖流。墨西哥湾暖流从佛罗里达海峡流过时，其流动的速度达到了每天130～150千米，这股暖流的宽度也达到了大约150千米，深度则为800米，其表层的水温达到了27～28摄氏度。墨西哥湾暖流的总流量为7400～9300万米^3/秒，这一数值几乎是全球漂流总流量的60倍。正是因为墨西哥湾暖流所携带的大量热能，使得北美东部沿海一带及欧洲西北部的气候一直非常温暖湿润。

事实上，海洋犹如人体的血液一样。大家都知道，血管遍布人的全身，人们通过它来获得生命所需的物质以维持身体的健康。海洋也是如此，海洋在流动的过程中也有一定的路线，这些路线首尾相连、反复循环，这便是大洋的环流，相当于海洋的血管。

存在于大洋中的洋流规模是十分巨大的，而洋流流动的形式也是多种多样的，不仅有表层环流，还有海面下层的暗自流动的潜流、从下到上的上升流及不断向海底正常的下降流等。之所以会形成大洋环流，是因为洋流受到了大洋位置、地球自转所产生的偏向力、风及海陆分布的形态等诸多方面的影响。强大的风不仅可以掀起巨大的水流，还可以在其吹动下，让海水形成海流。由于一年四季稳定的风力影响，可以打造出一支有着巨大动力的海流，因此，存在于海洋表层的洋流又被称为“风海流”。

不过，人们需要明白的是，风并不可以让大洋环流形成“环”。大洋环流之所以会形成“环”，是与大陆的分布与地球自转偏向力存在着极大的关系的。比如，赤道流不断朝西行进，当流到大洋西部时，由于大陆阻挡了前行的方向，赤道流或者原路返回，或者绕过去。然而，因为赤道流源源不断到达此处，若是全部返回是不可能的，有一小部分潜入下层返回，从而形成了赤道潜流；而其他大多部分则发生了转弯且另辟蹊径继续朝前流去。对于赤道流发生转弯的情况，地球自转产生的偏向力便发挥了作用。比如，在地球的北部的洋流，由于受到了地球自转偏向力的影响，从而向右发生了转弯；相反地，在地球的南部则会令其向左转弯。再加上大陆对洋流所产生的阻挡，从而令大部分的洋流发生了向极地方向的弯曲。即使是洋流朝着极地的方向前行时，地球自转所产生的偏向力依然在发生作用，而且其发挥的劲头会更足，大约到了西风带时，强大的西风与地转偏向力便会形成合力，从而令海流变成了向东的西风漂流；与此同理，西风漂流到大洋东岸附近时，同样会朝着赤道流去，这样便形成了一个巨大的循环。

海啸

在以往的人类发展史中，许许多多个国家都曾遭受过海啸的袭击，由于海洋出现大地震导致海啸灾难发生的大约占到了四分之一。在公元前 16 世纪，位于希腊基克拉泽斯群岛的南端的一个岛发生了十分猛烈的火山喷发，在这次火山爆发之后，只剩下这个岛与一些小岛依然矗立于爱琴海中。后来，人们发现这次火山爆发所导致的海啸巨浪超出了海平面 90 多米，并且还导致了距离当地 300 千米外的尼罗河遭到破坏。

日本东海道于 1498 年 9 月 20 日发生了最高波为 20 米的地震海啸，这次海啸在伊势湾冲毁了上千座建筑，导致了 5000 多人的死亡。在伊豆，海浪侵入到内陆约 2000 米的地方，使得静冈县灾情非常严重。葡萄牙的首都里斯本附近海域于 1755 年 11 月出现了极强的地震，短短的几分钟后，海岸水位退落，整个海湾底露了出来，于是，人们纷纷去刚刚露出的海湾底“探险”。但几分钟后，波峰却以滔天之势到来，将几万人吞噬，将整个城市淹没。1783 年 2 月 5 日，墨西拿海峡发生大地震，随之而来的海啸与洪水给墨西拿带来了灭顶之灾；不久之后，墨西拿再次发生地震，这两次的海啸导致了 3 万多人死亡；1908 年 12 月 28 日，墨西拿又出现 7.5 级地震，并伴随海啸，导致 8.5 万人死亡。印度尼西亚的喀拉喀托火山于 1883 年 8 月 26 日及 27 日爆发，将 20 立方千米的岩浆喷到巽他海峡，随着火山爆发到最高潮，导致了岩浆喷口倒塌，掀起一次巨大的海啸，导致了数万人的死亡。20 世纪，夏威夷发生巨大的地震海啸，在地震发生 45 分钟后，滔天巨浪首先袭向了阿留申群岛的乌尼马克岛，将一座架在12米高的岩石上的水泥灯塔及一座架在32米高的平台上的无线电差转塔彻底毁掉。接下来，海啸又以超快的速度朝着南边袭去，导致了夏威夷岛上的488栋建筑物被毁，将近160人死亡。

人类生命的源泉是海洋，然而，海洋在平静的外表之下隐藏的却是狂暴与无情。其中，海啸便是可以导致人类灭亡的海洋活动。海啸属于海浪的一种特殊形式，导致海啸发生的因素有火山爆发、地震及风暴。虽然海啸的波浪并不会对船只的正常航行产生阻碍，但可以在靠近海岸的地方聚集巨大的能量，这种能量释放出来的威力十分巨大。那么，是什么原因导致海啸如此猖獗呢？

海啸

海啸虽然是海浪的一种，但是与一般的海浪却有着巨大的不同。相对于受大风驱动的海浪而言，由于海底地震引发的海啸的周期、波长及传播速度都远远高于前者的几十倍甚至几百倍，因此，海啸的传播特点与其对海岸的影响都与由于风驱动产生的海浪存在着极大的差别。通常情况下的海浪，其所能达到的波长在几米至几十米

之间，这种海浪的波长周期也仅仅只有几秒钟的时间，尤其是传播速度十分缓慢。但是海啸却不同，其波长可以达到几百千米，无论海洋有多深，海啸的波都可以传播过去，并且以大约500～1000千米/时的速度传播。特别是当海啸波进入大陆架后，由于深度变浅，使得海啸的波高陡然增大，并且由此而掀起的海浪可以达到几十米。不过，尽管海啸的传播速度十分快，但是在海洋深度比较大的地方，海啸并不会带来任何危险，一旦海啸到达浅水区，便会对人类的生命与财产造成巨大的伤害。

海啸按照其机制可以分为“下降型”海啸与“隆起型”海啸两种。“下降型”海啸是指在某些断层地震引起的海底地壳剧烈下降，而海水则以最快的速度朝着突然错动下陷的空间流去，并且还在其上方进行大规模的积聚，此时当流入的海水在海底遭遇到阻力之后，便会翻回到海面并产生压缩波，从而形成长波大浪且朝着四周不断地传播与扩散。这种海底地壳运动所导致的海啸最初会令海岸出现异常退潮的现象。简单地说，若是海岸突然出现异常的退潮，很有可能是海啸到来的前兆。

“隆起型”海啸是指某些断层地震引起海底地壳剧烈上升，使得海水随着隆起的部分不断上升，并且还会在隆起的上方聚集大量的海水。由于受到重力的影响，海水必须保持一个等势面，这样才能实现相对的平衡。因此，这种海啸会令海水从波源区不断朝着四周扩散，并且还会形成巨大的波浪。这种海啸最初的预兆是会表现出异常的涨潮现象。

在地球这个蓝色的星体之上，大海的力量是所有自然界中最令人捉摸不透的。自古以来，来去神秘且又可以导致人类灭亡的海啸不止一次袭击着人类，它总以排山倒海之势将一座又一座的城市淹没。因此，人类只有首先对海啸有所了解，才能有效地减少因此而带来的灾难。

生命的摇篮

在人类所认识的生命起源问题方面，有着多种多样的说法，其中比较著名且具代表性的说法是团聚体说、类蛋白微球体说及来自星际空间说等。虽然至今生命起源的问题还没有得到真正的解决，但是根据以往的各类生命起源学说，人们不难发现，无论哪种生命起源说，它们都有着一个共同点，那便是与水有关。

一直以来，有关于生命起源的问题都是人类不断研究的方向，而现代科学则大多认为生命起源于海洋。之所以说生命起源于海洋，是因为水是任何一种生命体中最重要的组成与生命活动的最基础物质；再者，人们认为，海洋给生命诞生与繁殖提供了最佳、最天然的环境，海水中不仅含有丰富的物质，还能够有效地遮挡紫外线，从而避免生命遭受损伤。

在大约 39 亿年前，最初生命仅仅只是单细胞生物，那时的生物与现代细菌有着极大的相似之处。通过了1亿年的漫长演化，这些单细胞生物最终进化成最原始的藻类，即单细胞藻类。经过原始藻类不断繁殖并进行光合作用，将二氧化碳吸收，释放出氧气，从而为生命的进化提供了非常有利的条件。又是亿万年过去了，那些原始单细胞藻类逐渐演变成原始的海洋动物，比如蛤类、水母、海绵、珊瑚、三叶虫、鹦鹉螺等生物。相对于脊椎动物而言，这些原始海洋动物出现得非常早，而脊椎动物则大约在 4 亿年前才开始出现。

既然最早的生物出现于海洋之中，那么，陆地之上又是什么时候开始出现生物的呢？这些陆地生物来自哪里呢？

鱼群

在月球巨大的引力作用下，使得地球上的海洋会发生潮汐现象。随着涨潮时的水位不断上升，海水会不断地拍击、冲刷着海岸，会将一些海洋生物冲到海岸之上；当退潮之后，又会有大片大片的浅滩暴露出来。最终，由于海洋的潮汐，使得在海洋与大陆的交界处便出现了一条潮间带。与此同时，随着臭氧层的不断形成，可以有效地对来自于太阳的紫外线进行阻挡，从而为海洋生物到达大陆生存创造了条件，最终那些生活在海洋之中的生物，通过长时间的磨炼之后，便渐渐适应了陆地的生活。不过，在这一适应过程中，势必会有一些原始生命因经不起磨炼而死去，唯有那些经过了无数的磨炼、成功在陆地获得生存的海洋生物，才会不断地适应新环境，从而得到不断进化。

人约到了 2 亿年前，地球上存在的生命体的种类便开始多样化起来，在陆地之上相继出现了爬行类、两栖类、鸟类。地球上所有的哺乳动物大多是在陆地上诞生的。只是由于受到自然条件变化的影响，有一些哺乳动物又重新回归到海洋中，比如鲸、海豚；而另外一些哺乳动物则经过了自然界的众多考验之后，顽强地生存于陆地之上，并不断地发展强大起来。一直到 300 万年前，人类才出现。因此，在研究生命起源的过程中，科学家们将海洋称为“生命的摇篮”。

第二章　海洋的矿产资源

海洋矿产资源又被称为海底矿产资源，它包含了海滨、浅海、深海及大洋盆地的各种各样的矿产资源。依照矿床成因与赋存状况区分，可以分为砂矿、海底自生矿、海底固结岩中的矿产三种类型。砂矿主要来自陆上的岩矿碎屑，这些岩矿碎屑经过河流、海水、冰川及风的搬运与分选，最终在海滨或陆架区的最佳位置进行沉积富集。海底自生矿产则是由于化学、生物及热液作用，海洋内部生成的自然矿物。海底固结岩中的矿产通常是陆上矿床向海下的延伸。

珊瑚礁

最早有关珊瑚礁记载的文献是《扶南传》，这部著作是由三国时期的吴国人康泰编著的。在这部著作中，他对南海的珊瑚礁进行了记载。到了19世纪初期，德国的自然学家沙米索等人在印度洋航行的过程中，发现了那些比较低矮的群岛是由坐落在海底山顶上的珊瑚所构成的。通过这一发现，沙米索等人还指出，礁体的形状与盛行风及水流等因素存在着极大的关联。

19世纪30年代，达尔文在乘坐“贝格尔”号进行环球考察时，又进一步对珊瑚礁进行了详细的观察，划分出岸礁、堡礁及环礁三种类型，并且在1842年发表的《珊瑚礁的构造和分布》一文中指出由于“沉降说”而造成了珊瑚礁的形成。他的这一学说极大地推进了科学家们对珊瑚礁的研究，在接下来的一百多年间一直占据着珊瑚礁成因的主导地位。

法国的科学家儒班曾经于1912年绘制且发表了全世界第一幅珊瑚礁分布示意图。我国的地质学家马廷英通过珊瑚的生长纹与骨骼的密度之间存在的差异，于1935年至1937年测出了我国东沙群岛的造礁珊瑚每年都以4～11毫米的成长率生长着。自从20世纪50年代以来，美国科学家莱德、埃默里及韦尔斯等人发现：珊瑚礁主要分布于受赤道暖流比较明显影响的大洋西部；韦尔斯还于1957年详细阐明了珊瑚礁的发育主要与水温、盐度、水深及光照等因素有着极大的关系，并受这几大因素的控制与影响。在1968年至1970年期间，澳大利亚的科学家马克斯韦尔在对昆士兰大堡礁进行了仔细研究之后，指出了水文条件的变化与礁体形态及发展之间存在的极大的关系，尤其是他提出的珊瑚礁分类，对以往达尔文对珊瑚礁的分类进行了重要的补充。

珊瑚虫是珊瑚礁的主要组成部分。那么，何谓珊瑚虫？珊瑚虫是指存在于海洋之中的一种腔肠动物，这种动物在其生长的过程中将海水中的钙与二氧化碳予以吸收，之后再分泌出石灰石，将石灰石转变成自己赖以生存的外壳。单体的珊瑚虫仅仅有米粒大小，这些单体的珊瑚虫总是一群一群地聚居到一起，并且一代又一代地生长与繁衍。与此同时，这些珊瑚虫不断地分泌出石灰石，并且不断地将石灰石黏合到一起。那些被分泌出来的石灰石通过日久的压实与石化，从而形成了岛屿与礁石，即珊瑚礁。

在热带与亚热带的浅海地区，由造礁珊瑚骨架及生物碎屑组合成了具抗浪性能的海底隆起。造礁珊瑚可以分泌碳酸钙，从而形成外骨骼。这些造礁珊瑚世代增长，最后生长到了低潮线。在中三叠世以前的地质时期，造礁生物有很多种；而到了中三叠世以后，发展为以六射珊瑚为主，因此，这类珊瑚礁被统称为生物礁。由于地质时期的礁石是与其同时代沉积层相比较而言的，这类礁石垂向幅度比较大，且包含着丰富的造礁化石的碳酸盐岩体，因此，这类礁石被称为古代礁。

自从古生代初期开始，珊瑚便已经开始繁衍。直到如今，它可以作为划分地层、对古时期的气候进行判断及对古时期地理的重要标志。珊瑚礁与地壳运动存在着很大的关系，在正常的情况下，珊瑚礁形成在低潮线以下 50 米的浅海域，高出海面的珊瑚礁代表着地壳曾经上升或海平面曾经下降的情况。与之相反，则说明了当地的地壳出现过下沉的现象。

珊瑚礁中蕴藏着极其丰富的油气资源，在珊瑚礁与其潟湖沉积层中还有着大量的煤炭、铝土、锰、磷等矿产的存在，而在礁体粗碎屑岩则存在着铜、铅、锌等多金属层矿床。尤其是珊瑚灰岩可以用来制造石灰、水泥，各种形态的珊瑚可以用来做装饰工艺品。也正是这些方面的原因，使得很多礁区已经开辟成为旅游、娱乐的重要场所。

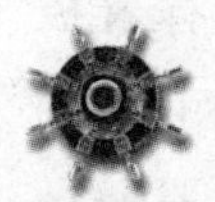

蕴含在海砂中的珍宝

海砂是指存在于海洋之中的砂石。那些因为受到了海水的分包而没有经过淡化处理掉的砂便称为海砂，海砂大都来自于海水与河流交界之处。如今，海砂已经成为仅次于石油与天然气的第三大海洋矿产。海砂之中蕴含着许许多多矿物质，对人类的生存与发展都起着十分重要的作用。

滨海砂矿中有着极高含量的物质当属石英矿物。从石英中可以提取到硅物质，硅属于一种半导体材料，在无线电技术、电子计算机、自动化技术与火箭导航之中得到广泛应用，也是整流元件与功率晶体管最佳的材料。尤其是用硅制造的太阳能电池，可以将13%～15%的太阳能直接转变成电能，并且重量非常轻、供电的时间比较长，已经被我国科学家们用到人造卫星中去了。从海砂之中提取到的熔融石英则是生产制造紫外线灯管不可或缺的材料，由于普通的玻璃能够吸收紫外线，而用石英制造紫外线灯管，可以令紫外线再也不会受到阻碍。因此，在当今社会，石英这种材料正发展成为冶金、化工及电器制造所用到的“原料巨人”。

在海砂之中还存在着最坚硬的天然物质——金刚石。大家都知道，金刚石向来都有着“硬度之王”的称号，它是由碳酸组合而成的结晶体，呈现出天蓝色、浅黄色、玫瑰色及黑色等不同的色彩。人们时常会将金刚石磨成晶莹剔透、光华四射、灿烂夺目的钻石，这种钻石十分珍贵。不过，人们经常用金刚石制造勘探与开采地下资源的钻头，或者制造出机械、光学仪器等工具。现在，人们在运用金刚石的过程中，发现金刚石是一种半导体，并将其应用到了电子工业与空间技术等领域。

人们还可以从海砂里分选出金红石、钛铁矿等物质。金红石是一种呈现出红褐色的矿物，它的形状犹如四方的小柱子，不仅有着极强的硬度，而且还非常脆，它所呈现出的光泽是金刚；提取出来的钛铁矿则大都呈现出黑色，它的形状是粒状，性质比较脆，有着极强的金属光泽。钛铁矿是提取金属钛的重要原料，虽然钛金属比铁强韧得多，但是密度仅仅有铁的二分之一。钛金属是不会生锈的，它的熔点也非常高，可以达到 1725 摄氏度。由钛制造出来的钛合金不仅可以承受 500 摄氏度以上的高温锻炼，还可以承受得住零下 100 摄氏度的低温。正是因为这种特点，使得钛与钛合金成为人们制造超音速飞机、导弹及火箭等武器不可或缺的原材料，也因此被称为“空间金属”。

存在于滨海砂中的砂金也是最为引人注意的，砂金有着分布广、储量大与方便开采的优势。海砂中提取出来的砂金时常呈现出碎片状或颗粒状。砂金时常与钒铁砂、钛铁砂、磁铁砂、独居石等矿物相伴被提取出来。因此，在对砂金进行开采的过程中，人们还可以提取到钒铁砂、钛铁砂、磁铁砂、独居石这些物质。众所周知，金是一种十分贵重的金属，自古以来，人们便对金矿进行了大量的开采。金又被人们称为“金属之王”，这种金属一般不会被溶解到普通的化学药品里，而且永不生锈，人们可以非常容易地便将其分成不等的重量。因此，人们将其当作制作金砖的材料，并且成为社会财富的象征。此外，金还是一种有着极好导性的导体，因为这一特点，人们将其运用到电工与无线电技术等领域。

除了上述可以从海砂中提取的矿物质之外，人们还可以从海砂中提取出石榴石、锆矿石、铌钽铁矿、锡矿、黑钨砂、磁铁矿、磷灰石等矿物。由此可见，在海砂之中蕴含着各种各样的珍宝等待着人们去发现与开采。

海洋宝贝——锰结核

当从大陆、陆地或岛屿出来的岩石经过风化且释放出了铁、锰等元素之后，其中的一部分便会被冲到海洋之中，并在那里进行沉淀；当火山爆发时，爆发出来的岩浆产生了大量的气体，这些气体与海水进行了相互作用之后，便会从熔岩中搬走一定量的铁元素与锰元素，从而令存在于海水中的锰元素与铁元素变得越来越多；生活在海洋之中的浮游生物的体内含有丰富的微量金属，当它们死亡之后，尸体会分解，而金属元素也会进入到海水之中；每年都会有来自宇宙的 2000～5000 吨的宇宙尘埃进入到地球，这些宇宙尘埃之中含有极其丰富的金属元素，在其分解之后也会流入海洋之中。正是因为这上面四方面的原因，使得海洋之中有着大量的金属物质存在，这也是海洋拥有镇海之宝——锰结核的关键所在。

大家都知道，在海底世界底蕴藏着十分丰富的矿藏资源，锰结核便是其中的一种。锰结核的表面呈现出黑色或棕褐色，它是被沉淀于海洋底部的一种矿石，锰结核的形状为球状或块状，其中包含了三十多种金属元素，尤其是其中的锰、铜、镍、钴等元素是最具商业开发价值的。

人们时常将锰结核称为多金属结核、锰矿球、锰矿团与锰瘤等，这是一种铁与锰氧化物的集合体，有着比较多样的形态，其大小也有着极大的差异，最大的有几十千克。

通常情况下，锰结核都分布在全球海洋 2000～6000 米水深的海底表层，尤其是在海洋深度在 4000～6000 米水深的锰结核有着极佳的品质。据科学家们的推断，海洋锰结核的总储量大约在 3 万亿吨以上，在北太平洋分布的锰结核最为广泛，储量占到全球总量的二分之一以上，也就是大约为 1.7 万亿吨。在锰结核聚集十分密集的地方，每平方米便会有 100 多千克锰结核的存在。

在锰结核中包含的金属元素主要有锰、镍、铜、钴、铁、硅与铝，还有少部分的钙、钠、镁、钾、钛及钡元素，甚至还有氢与氧。由于铜、钴、镍等元素都是陆地上比较紧缺的矿产资源，因此，越来越多的人将眼光投入了海底的锰结核。尤其是美国对从锰结核中提取锰元素有着极大的兴趣，由于美国十分重视锰结核的开发，使得美国在大洋锰结核开发技术方面一直都处于领先的地位。

其实，早在 19 世纪 70 年代，英国的一支航海环球海洋考察船队就发现了锰结核。当考察者对锰结核进行化学分析之后得出结论，其中含有 25％的锰、20％的铁，以及镍、铜、钴、钛与硅等元素，这些都是十分适合工业冶炼的原料。然而，这一发现在当时并没有引起人们的注意，发现者只是发表了一篇调查报告而完事。

随着冶金工业得到快速发展，仅仅依靠陆地上的资源是远远不够的。在这样的情况下，人们将日光转向了大海，这使得对锰结核的开发与运用得到了人们的重视。现代社会的多个领域都可以用到锰结核中所含的金属。比如，人们可以利用金属锰制造锰钢，这种锰钢十分坚硬，不仅可以有效地抗冲击而且非常耐磨，可以被运用到坦克、钢轨及粉碎机等机械的制造中。锰结核所含有的铁是炼钢的最主要原料；其中所包含的镍则时常被人们运用到不锈钢的制造中；其中所包含的钴时常被用作制造特种钢；锰结核中所包含的金属铜被大量运用到了电线的制造过程中；锰结核中含有的钛金属的强度与硬度都非常大，因此便大量运用到了航空航天工业中。

20 世纪初期，当美国的“信天翁”号行驶于东太平洋时，在多个地方都采集到了锰结核。美国科学家由此推断，存在于太平洋底部的锰结核的面积远远大于美国整个国家。不过，美国科学家的这一发现依然没有得到极高的重视。直到 20 世纪 50 年代末期，从事

锰结核研究很长时间的美国科学家约翰·梅罗发表一篇文章后，锰结核才引起了许多国家政府及冶金者的重视。约翰·梅罗发表的那篇文章讲述的便是“关于锰结核商业性开发的可行性报告”。正是在这篇文章被发表之后，世界各国才对锰结核资源的调查与勘探进行了大规模的开展，从而令锰结核的开发、冶炼技术得到了快速的发展。

随着人类对锰结核的不断开采，已经研究试验成功的锰结核开采技术有许多种，比如链斗法、水力升举法及空气升举法等。其中，人们在运用链斗法对锰结核进行开采时，运用到的挖掘机械犹如旧式的农用水车一般，通过绞车带动挂有诸多戽斗的绳链，这样便可以不断地将存在于海底的锰结核采到工作船上来。运用水力升举法对锰结核进行开采时，通过输矿管道，再运用水力将锰结核连带着泥水从海底吸上来。运用空气升举法进行锰结核的开采时，其开采原理与水力升举原理是一样，只不过是空气升举技术乃是直接运用高压空气连带着泥水将锰结核吸到采矿工作船上来。

在20世纪80年代，美国、日本等多个国家的矿产企业联合起来组成了跨国公司，运用先进的开采技术与机械获得了每日开采300～500吨锰结核的成果。在冶炼技术方面，美国、法国及德国等国家则建成了每日可以处理80吨以上锰结核的试验工厂。我国的海洋调查队也于1979年在南太平洋开采到了锰结核样品，并于1988年在南海1480米的海底开采到了262.72千克的锰结核。

世界多个国家已经掌握了非常成熟的锰结核开采与冶炼技术。因此，一旦锰结核有利于经济发展，便可以成为一种新的产业，投入到大规模的生产中去。

海底热液矿床中的“金山”与“银山”

自从20世纪70年代以来，一些国家的科学家们相继在中大西洋海岭、东太平洋海丘及印度洋中脊等诸多海域发现了存在于海底的热液活动，这些热液的活动形成了硫化物矿床。有了这些发现之后，一些科学家便开始了对海底热液矿床的探索与观测。美国的科学家第一次在东太平洋海丘发现了在海水深度为2500～2700米之间的现代热液喷溢口，并且还发现在这些喷溢口的周围还存在着诸多长柱状与短柱状的黑烟囱或白烟囱。

通过进一步的考察，科学家们发现那些黑白烟囱是来自海底热液喷溢口所喷出的大量含有多金属硫化物的岩浆，这些岩浆通过海水冷却之后，便令其沉淀物形成了柱状的烟囱。通常情况下，烟囱的高度在几米到几十米之间，其直径也在几十厘米到几米之间，甚至有一些高几百米、宽十几米，还有一些形成了小丘。

存在于海底的热液乃是由海底喷发而出，通常会出现在海洋的脊轴附近。在科学家们第一次在红海发现海底热泉之后，巴拉德等科学家又于1977年乘坐“阿尔文”号潜水器前往海底进行考察，并在加拉帕戈斯裂谷及北纬21度的东太平洋海丘等海域发现了热泉。在对热泉进行观察的过程中，科学家们发现这种海底热液在最初被喷发出来的时候是清澈透明的，当其与海水相混合时，便会因为低温的海水而激起混浊的碱性水柱；与此同时，还会析出非常细小的铁、铜、锌等的硫化物颗粒，这种颗粒物质不断堆积于热泉口旁，并最终形成海底热液矿床。

如今，科学家们发现的矿床类型已超过了11处，按照热液矿床

产出的位置可以分为大洋中脊型、岛弧-边缘海型、热点型及活动断裂型四种。以北纬21度的东太平洋海隆海底热液矿床为例，那里的热泉分布于长度只有7000米、宽度不超过300米的狭长条带内，但其喷口便达到了25个；在每一个高温的喷口四周都有块状的金属硫化物质堆积，这些金属硫化物的高度在1～5米之间，形状犹如黑烟囱一般，而那些沉淀物质大都是磁黄铁矿，其中还夹杂着一些黄铁矿、闪锌矿及铜铁的硫化物；存在于喷口附近的水样中所有的氦含量非常高，也说明了这些物质来自于地幔。

那些形状如黑烟囱喷发出的热液所形成的沉淀物主要包含的物质是磁黄铁矿，还有一些黄铁矿、闪锌矿及铜铁的硫化物。之所以将海底热液矿床称为“金山”与“银山”，是因为烟囱的沉淀物中包含着诸多具有工业价值的矿物，尤其是黑烟囱类多金属块状硫化矿物，其中不仅包含了大量的铜、铂、氢、铁、钴、镍物质，还含有丰富的金、银等十分贵重的金属。由此，人们将黑烟囱称为“海底金库”。

通过科学家们的研究发现，那些烟囱沉淀物的烧积成矿的速度非常快，形成矿的时间非常短，每五天的时间便可以堆积40多厘米厚度的硫化物。由此，科学家们推断：存在于东太平洋厄瓜多尔附近加拉帕戈斯断裂带中的砷化物矿床形成的时间也不过一百年。正是因为这方面的原因，科学家们将海底热泉称为“热液矿床制造厂”。

不仅如此，科学家们还在喷溢口处发现了蠕虫、蛤类、长管虫、贻贝、蟹类、水母、藤壶等非常特别的生物群体。因此，将海底热液矿床称为“海底的金银宝库”一点也不为过。

海底热液矿床的开发

因为存在于海底岩浆的热等因素，使得其喷射出来的锌、铜、金及稀有金属发生了沉淀，从而形成了海底热液矿床。通常情况下，存在于海底的热液矿床分布于全球各个水深达到1～3千米之间的海底世界。

通过人们长达二十多年对深海底热液矿床与生物群落的调查得出，海底热液矿床大都分布于太平洋与大西洋海域，尤其是太平洋海域的露点最多。据调查者称，海底热液矿床规模比较大的便达到了20处。太平洋中的海底热液矿床主要位于加拉帕戈斯断裂带海域、瓜伊马斯海盆、胡安·德富卡海岭、马里亚纳海沟、日本海沟、斐济群岛北部的海盆等海域；大西洋中的海底热液矿床主要分布在大西洋中脊、墨西哥湾佛罗里达海域及路易斯安那陆坡海域等地。通过科学家们最初步的评价，海底热液矿床中的金属资源量具有工业价值的有则主要有红海热液硫化物矿床、加拉帕戈斯热液硫化物矿床、东太平洋海丘块状硫化物矿床、胡安·德富卡海岭热液硫化物矿床、日本伊豆-小笠原海域环形海底火山的热液黄铁矿、闪锌矿及黄铜矿床、冲绳海槽的热液硫化物。

自从20世纪80年代以来，以美国为首，英国、德国、法国、日本及苏联等多个国家曾经独自或联合起来对海底热液矿床进行了调查，调查的范围从最初的加拉帕戈斯断裂带扩展到东太平洋海丘、西太平洋海域、东北太平洋、大西洋中脊及印度洋中脊。海底热液矿床这一震惊世界的发现，引起了全球各个国家的极大关注。大多数科学家一致认为，海底热液矿床是有着极大开发价值的海底矿床。

美国政府将海底热液矿床的开发视为未来的战略性金属的潜在来源，美国国家海洋大气局则制定出了从 1983 年至 1988 年的海底热液矿床开发计划，并将位于美国 200 海里专属经济区内的胡安·德富卡海岭视作这项计划的重点与开发的对象。不仅如此，美国政府还与法国对海洋进行了联合调查，并计划两国联合对海底热液矿床进行开采。

无独有偶，日本在海底热液矿床开发方面投入了 75 亿日元，并建成了能够下潜到海底 2000 米处的“深海 2000”号深潜器，运用其专门对海底热液矿物进行调查。1983 年起，便有许多日本海洋地质科学家们对马里亚纳海沟及四国海盆等海域的热液矿床展开了调查。日本地质调查所还制订出了新的五年计划，计划中指出对伊豆-小笠原岛弧及四国海盆等处的热液矿床展开全面的调查。日本海洋开发中心经过七年时间，投入 222 亿～230 亿日元的巨资，成功制造出了能够下潜到海洋深度为 6000 米的探潜器，并运用这种深海探潜器对更深海域的海底热液矿床进行调查。日本还积极研制从勘探到开采海底矿床的各类技术设备，并准备将这些技术设备投入到商业性采矿与试生产中去。

在日本的海域与其专属的经济海域面积占到了世界第六，日本也是第六海洋大国，在日本海域的海底存在着许许多多海洋资源。自从 2008 年起，日本政府便开始了对海底热水矿床方面的调查与研究，为的是在接下来的十一年时间中确立起商业化所必需的技术与经济评估。

世界各国之所以积极投入到对海底热液矿床的调查与开发技术领域，是因为海底热液矿床是继锰结核之后又一大资源的发现。通过这些海洋资源，可以为人类解决许许多多陆地上无法解决的问题。

隐藏于深海的沉淀物

神秘的海底世界吸引着无数人，在海底世界到处都是美丽的海洋生物和各种各样的沉淀物。在海洋深度超过 2000 米的深海底部则是十分松散的沉积物。这些深海沉淀物主要分布于大陆边缘之外的大洋盆地内部。存在于深海的沉积物大都来自生物作用与化学作用的产物，还包含了陆地物质、火山物质及宇宙物质。还有一些深海底部的沉淀物主要来自浊流、冰载、风成及火山等。产自深海的自生矿产资源对古海洋学、古气候学的研究起着十分重要的作用，因此，使得隐藏于深海之中的沉淀得到人们极大的重视。

存在于深海沉淀之中的物质在性质上呈现出来的是不均匀的，它们是按照不断的沉积作用而形成的。因此，现代海洋深处存在的沉淀物的组成也是十分多样化的，最主要的深海深深物主要有来自陆地的碎屑沉积物、具有硅质的沉积物、具有钙质的沉积物、来自深海的黏土、来自深海的软泥与冰川相关的沉淀物，还有来自大陆边缘的沉淀物等。

由于洋流流动十分缓慢、海洋底部的温度也非常低、物理风化的作用十分微弱，使得海洋化学作用便十分缓慢、沉积速率非常低，因此，海洋深处的沉淀构造为水平层理、韵律层理、块状层理，而海洋深处的沉淀物则主要有深海软泥与深海黏土。

海洋之中的深海软泥主要是由含量超过 30％的微生物残骸组合而成的，比如抱球虫软泥与放射虫软泥，含量占到 65％的碳酸盐含量的也可以称为钙质软泥，含量不足于 30％的碳酸盐则被称为硅质软泥。

微生物残骸不足于30%的沉淀物组成了深海黏土。褐色的深海黏土是来自深海远洋的最主要的沉积物类型，这种沉淀物主要是由黏土矿物与来自陆地的稳定矿物残余物组合而成的，其中还存在一些火山灰与宇宙微粒。这种黏土之中的碳酸盐含量不足30%。在局部海域，各种各样的矿物化学与生物化学沉淀作用会导致深海发生沉淀，比如出现锰结核等，这样便有可能导致铁、锰及磷等矿产的形成。此外，由于海底还会有火山喷发及来自宇宙的物质，也会为深海提供一定的物质来源。

对海洋深处的沉淀物有着影响与控制作用的不仅有物质来源，还有搬运营力与沉积作用，这两方面同样会对海洋深处的沉淀物产生十分重要的影响。在海洋深处，大洋环流与浊流及深海底层流等因素都会影响到搬运沉积物的营力；而在局部海域，风与浮冰的搬运同样起着十分重要的作用。海洋环流可以将来自陆地的悬浮物与生源物带入到深海之中，一旦到达海底层流活动强烈的大洋边缘，时常便会顺着流向形成窄长的沉淀体；而在海底层流活动比较弱的海域，沉淀物便会覆盖于海底。

由于存在于洋盆之中的生物、物理及化学条件有着极大的不同，从而便导致了海底各类沉淀物的沉淀因素也不尽相同。因此，若想对海洋深处的沉淀物有更加详细的了解，还必须要求人们首先了解生活于洋盆之中的生物、物理及化学条件，这样才能更好地了解隐藏于深海之中的沉淀物。

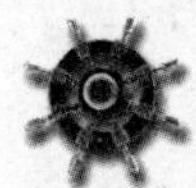

海洋中的铀的开发

通常情况下，人们将铀视为一种十分稀有的金属，虽然地壳之中的铀的含量是非常高的，但是想要成功提取这种物质是非常困难的。正是因为这种原因，使得铀元素的发现过程是非常晚的。铀元素虽然地壳之中广泛存在，但也仅仅有沥青铀矿与钾钒铀矿两种常见的矿床。

在地壳之中铀的平均含量大约为0.00025%，也就是说在每吨地壳物质中大约有2.5克的铀元素存在，这一数量远远比钨、汞、金、银等元素的含量高得多。但在各种各样的岩石之中，铀的含量却是非常不均匀的，比如，铀在花岗岩中的含量比较多。海水之中同样存在铀，只是在海水中的铀的浓度是非常低的，平均每吨海水的铀含量仅仅只有3.3毫克。不过，由于地球海洋面积比较大，海水总量是巨大的，因此，从海水中提取铀便容易得多。出于这种原因，当下全球许多国家，尤其是那些铀资源紧缺的国家，则不断地寻找从海水中抽取铀的方法。

据相关资料表明，存在于海水之中的铀含量大约为45亿吨，是陆地已经探明的铀矿储量的2000倍，只是海水中的铀浓度非常低，从海水中成功提取铀元素所需要的成本要比陆地贫铀矿提炼成本高出六倍。

自从20世纪60年代起，美国、日本、法国等多个国家先后展开了从海水提铀的研究与试验。最初对海水中的铀进行提取的国家是日本。由于日本是一个铀物质严重缺乏的国家，国内的铀埋藏量仅仅有8000吨。这使得日本人不得不将目光早早地投入海洋。自从20

世纪 60 年代起，日本便加快了从海水之中提取铀的技术。到了 1971 年，日本人通过多次试验成功发明了一种新的吸附剂。在这种吸附剂中不仅有氢氧化钛，还包含了活性炭。这种吸附剂对铀物质有很好的吸附性，1 克的吸附剂便可以得到 1 毫克的铀。正是这一项新的发明，使得日本从海水中提取铀远远比从普通的矿石中提取铀节约成本。到了 1986 年，日本成功地在香川县建成了年产 10 千克铀的海水提取厂。

到目前为止，从海水中提取铀的技术也只有吸附技术、生物富集技术及起泡分离技术这三种。吸附法即运用水合氧化钛、碱式碳酸锌、方铅矿石及离子交换树脂等吸附剂将海水中存在的微量的铀吸附出来。生物富集的技术运用专门培养的海藻富集海水中微量的铀。根据科学家们所做的试验得出，一些海藻对铀的富集能力是十分强大的，这种海藻的铀含量远远超过了低品位的铀矿的含铀量。采用起泡分离技术从海水中提取铀，首先需要往海水之中加入一定量的铀捕集剂，诸如氢氧化铁剂，之后再通过通气鼓泡将海水中的铀分离出来。

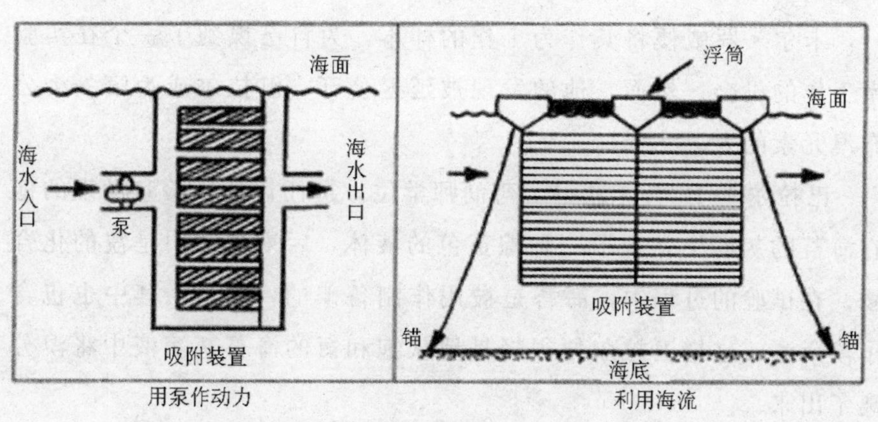

吸附法示意图

海洋元素——溴

溴属于化学元素中的一种，化学元素符号为 Br，属于化学元素中的一种卤素。在标准温度与压力下，溴分子是一种具有挥发性的暗红色液体，它所具有的活性处于氯与碘之间。纯净的溴被人们称为溴素，溴蒸气有着极强的腐蚀性且有毒，与其他化合物质一起可以被用到阻燃剂、净水剂、杀虫剂、染料等生活用品中。

在 1824 年与 1826 年，溴元素分别被卡尔·罗威与安东尼·巴拉尔发现。第一个发现溴元素的是卡尔·罗威，他于 1824 年成功地从巴特克罗伊茨纳赫村里的水泉中将溴元素分离出来。卡尔·罗威首先运用有饱和氯的矿物盐溶液，接下来又运用二乙醚，最终成功提取出了溴。当醚蒸发后，留下了一些棕色的液体。有了这一发现后，卡尔·罗威便将其作为工作的样本，为自己谋到了一个在实验室工作的机会。然而，他的发现被延迟公开，巴拉尔成为第一个公布溴元素的人。

巴拉尔于 1826 年获得了药剂师学位，担任化学试验室助理的他在海苔的灰烬中发现了一种棕黄色的液体，后来被证明是溴的化合物。在试验的过程中，海苔是被用作制备碘的，不过，其中也包含了溴元素。这样巴拉尔便很轻易地从饱和氯的海苔灰溶液中将溴分离了出来。

在成功将溴分离出来之后，巴拉尔发现这一产物具有氯与碘之间的性质，于是，他便想着证明这种化合物是氯化碘，但最终的结果却证明他的想法是错误的，因为他最终确信自己发现了一种新元素。

在海水之中不仅含有食盐，还有许许多多其他的盐类。海水盐类

的总含量便达到了5亿亿吨，其体积为200万立方千米。这些海水盐类含有多种元素，其中溴元素的总储量便达到了100万亿吨。在地球之上，除了在石油的废水、井盐的苦卤及地下温泉等地方含有比较少的溴之外，99%的溴都来自海水之中。可以说溴元素属于一种纯海洋物质，因此，它被人们称为“海洋元素”。

有着“海洋元素”之称的溴是一种十分贵重的药品原料，在许许多多药品之中都有它的存在。比如治疗血丝虫病的海群生，人们时常用到的青霉素、链霉素及各种激素等药品，都少不了溴元素。

除了制作药品之外，溴元素还有很多用途，它可以制造出熏蒸剂，这样便可以有效地对粮食进行保持，还可以有效地将老鼠与虫子熏死；溴元素可以制造成杀虫剂，帮助庄稼良好地生长，有效地避免害虫的危害；溴元素还可以制造出抗爆剂，可以防止汽油爆炸；将溴元素添加到染料中，可以令织物的颜色变得更加鲜艳且耐久；它在塑料工业方面有着更大的用途；溴元素还是精炼石油、制造染料不可或缺的原料；溴元素在有机合成工作中还可以用作中间体。

因此，随着社会工农业业生产得到快速的发展，人类对溴的需求量也在日益增加。由于海水中的溴元素以溴化镁与溴化钠的形式存在，因此，去除氯化钠与氯化钾后的卤水中的溴含量可以提升到一百倍左右。因此，只需要将卤水加入反应塔中，再通过氯气与水蒸气蒸馏便可以将溴元素蒸出来。另外，人们还可以通过煤油从海水中提取溴，这项技术中用到的煤油在使用过后还可以进行回收再利用。

来自海水中的碘

法国科学家库图瓦时常在爱尔兰与苏格兰的沿海岸采集黑角菜及其他藻类植物。由于这些海生植物受到海浪的冲击漂到浅滩上，退潮之后，它们便会留在海岸上。这为库图瓦的采集提供了极大的方便。

每当从海岸采集回家后，库图瓦会将采集回来的植物堆集到一起，让其慢慢燃烧成灰，之后再将烧成灰的植物加入水中浸渍、过滤、澄清，从而获得一种植物的浸取溶液。库图瓦之所以这样做，是因为他想从这些溶液提取硝石与其他盐类。当溶液制作好后，便需要对溶液进行蒸发，以使其溶解的硫酸钾、硫酸钠、氯化钠、碳酸钠等依次结晶出来。

然而，在提取制作的过程中，库图瓦却发现铜锅被溶液腐蚀得非常厉害。发现了这一现象之后，库图瓦便开始思考：硫酸钾与氯化钠等物质是不可能令铜锅腐蚀的。那么，铜锅为什么会出现这么严重的腐蚀呢？是不是在溶液中存在新的物质与铜发生了反应呢？

有了这些想法之后，库图瓦便将水溶液加热蒸发，使得氯化钠的溶解度最小并被结晶出来，之后结晶出来的才是氯化钾与硫酸钾。但是因为海藻在燃灰过程中出现了大量的硫酸盐，这些硫酸盐因为被碳还原而生成了硫化物。为了能够将硫化物去除，库图瓦便往溶液中加入了浓硫酸。但是，在蒸发母液的过程中，库图瓦却十分意外地发现，母液之中出现了一种十分美丽的紫色蒸气，这种蒸气犹如彩云一般冉冉上升。这一发现令库图瓦十分欣喜。当充满整个实验室的蒸气冷却之后，它并没有变成液体，而是凝结成了片状的暗

黑色晶体，这种黑色晶体还呈现出金属的光泽。

当库图瓦制造出黑色的晶体之后，他便运用这种新物质进行更深入的研究。通过研究，库图瓦发现，这种新晶体不容易与氧或碳发生反应，却可以与氢及磷化合，更可以与锌直接化合。最为奇特的是，这种黑色晶体是不会被高温分解的。于是，库图瓦想这会不会是一种新元素呢？然而，库图瓦并没有足够的实验设备，也没有足够的药物供他做实验，再加上他将自己主要的精力用到了经营硝石工业上，因此，他无法证实自己发现的黑色晶体便是一种新元素。最终，他只能请法国化学家德索尔姆与克莱芒帮自己继续此项研究，并同意让这两位科学家自由地向科学界宣布新元素的发现过程。

1813 年，德索尔姆与克莱芒发表了一篇名为“库图瓦先生从一种碱金属盐中发现新物质”的报告，这两位化学家在这篇报告中指出：通过海藻的燃烧，可以从其燃灰的溶液中得到一种十分奇异的东西，这种东西非常容易提取，只需要将硫酸倒入溶液中，再将其放到曲颈瓶内加热，并且用导管将曲颈瓶的口与球形器连接到一起即可。当溶液中析出一种黑色有光泽的粉末后，再进行加热，之后又会有紫色蒸气冉冉上升，当紫色的蒸气在导管与球形器之中凝结之后，便可以结成片状的黑色晶体。

最终，通过吕萨克等化学家的研究，确定了碘具有元素性质的论证。1814 年，由库图瓦通过海藻发现的这一新物质被正式定名为碘。碘被发现之后，人们便开始在日常生活中大量运用这种化学元素，将其用到了药物、染料、碘酒、试纸及碘化合物之中。诸如，人们日常用到的碘酒，就是运用碘、碘化钾及乙醇制造而成的一种棕红色透明液体，具有碘和乙醇的特殊气味。

用途广泛的琼胶

琼胶属于海洋产品中的一种，又被人们称为琼脂、冻粉，通称为洋粉或洋菜。它是用海产的石花菜、江蓠等制作而成的一种无色、无固定形状的固体，可以溶解到热水中。运用琼胶可以制作冷食、进行细菌的培养。

琼胶

琼胶是由十分复杂的多糖类组成的天然产物，它呈现出白色或浅褐色，属于一种无臭无味、稍带光泽、质量较轻且松脆的海洋物质。它可以在冷水中吸水膨胀却不会被溶解，将冷水煮沸后则变成了黏液，冷却之后又会变成半透明的凝胶状物。琼胶有着非常良好的胶凝性与凝胶稳定性，被广泛应用到食品、日用化工、医药、生物工程等多个领域。在食品工业之中，琼胶作为胶凝剂、稳定剂、增稠剂和分散悬浮剂，可以增加食物的黏度，令食物更加黏滑且富有弹

韧性的口感，进而有效地改善食物的品质，提升食物的档次。

琼胶在医药行业时常被用到细菌培养基中。由于琼胶的“脂”有着十分复杂的化学结构，通常被认为由琼二糖为骨架组成的链形分子中性糖。到了20世纪70年代，当科学研究者对琼胶进行更深入的研究之后，对其化学组成与结构有了更加详细的了解之后，得出琼胶是由半乳糖和与乳糖的衍生物构成的长链形多糖。由于琼胶主要由琼脂糖与琼脂胶两部分组成，而可以起到胶凝剂作用的琼脂糖是形成凝胶的组分，因此，琼脂胶不仅仅是非凝胶的部分，更是琼胶提取过程中令人们费尽心思去除的部分。因为琼胶的琼脂糖含量越大，琼胶的凝胶强度便会越大，其应用的价值便会越大。

琼胶具有的特点之一便是其凝点与熔点之间存在着很大的温度差，只有将其放入水中加热到95摄氏度时，才会开始熔化；若想让其进行凝固，则需要将水温降到40摄氏度以下。由于这一特点，使得琼胶成为配制固体培养基的最好凝固剂。运用琼胶配制出来的固体培养基，可以用其进行高温培养且不至于出现深化，只要在其凝固之前进行接种的话，也不会让其所培养的物体烫死。所以，从海洋植物中提取的琼胶是制备各种生物培养基中，得到最广泛运用的凝固剂。

由于琼胶不仅可以从石花菜中分离，还存在于近缘的红藻中。因此，在市面上流通的琼胶大多是从红藻中提取出来的。在提取的过程中，人们可将红藻的干燥物通过热水浸出，之后再将其冷却凝固，这样便可以令琼胶冻结并经过加温水流出，最终干燥而制作成功。

由于琼胶中含有丰富的矿物质与多种维生素，尤其是其所含的褐藻酸盐类物质可以有效地降低血压，而其中的淀粉类硫酸脂则有降脂的功能。因此，琼胶对高血压与高血脂有一定的防治效果。不仅如此，琼胶还具有清肺化痰、清热祛湿、滋阴降火、凉血止血等功能。由此可见，琼胶的用途是十分广泛的。

从海水中提取盐

有人将海洋称为盐的“故乡”，在海水之中有着各种各样的盐类存在，其中90%左右是氯化钠，即食盐；海水之中还有氯化镁、硫酸镁、碳酸镁，以及包含了钾、碘、钠、溴等各种元素的其他盐类。

早在几千年前，我国人民便开始了海盐生产。生活在古代的人们并不知道盐为何物，将现代词典中的“盐”称之为卤。古时期的人们最早制取的盐便是海盐。据相关资料记载，在炎帝时期，宿沙氏开创运用海水煮盐的方法，也被称为“宿沙作煮盐”。

在我国古代，人们所运用的盐主要分为海盐、湖盐、井盐，这三种盐都是取卤水做原料，用柴火煎熬或让风吹日晒，使其水分得到充分蒸发之后，便可以提取盐了。在宋朝之前，人们从海水中提取盐的方法是煎炼，人们刮土淋卤、取卤燃薪熬制。这种方法经过了诸多时代之后并没有明显的差异。一直到1901年，人们开始大量将锅煎改为晾晒，才使得煎盐的历史得以告终。

在人们从海水中提取盐的过程中，运用煎盐的方法需要耗费大量的柴草，不仅费工，还十分费力。自从宋朝时起，人们在海水中提取盐的过程中，便采用了晾晒法。然而，由于技术方面的原因，这种方法并没有得到有效的发展。直到清朝末期，海水中取盐才完全转变成晾晒的方法，这时的海水取盐晾晒技术也得到了不断完善。

南方海域由于有着十分充足的阳光，因此是晾晒海盐最佳的场所。人们在运用晾晒的方法提取海盐时，最简单的方法便是通过太阳照射，将海滩泥沙浇海水过滤，这样便可以制造出有着极高盐含量的卤水，之后再将盐含量非常高的卤水存放到池中，经过太阳光的照射之后，水分不断蒸发，从而令海水中的盐结晶。

海洋中的“农矿产”——磷钙石

在海洋之中存在着一种可以被运用到农业生产中的矿产，名叫磷钙石，时常又被人们称为磷钙土。这是一种有着丰富磷含量海洋自生磷酸盐矿物，人们可以通过它生产制造出磷肥，还可以运用它制造出纯磷磷酸。

事实上，在海洋底部存在的磷钙石有磷钙石结核、磷钙石泥及磷钙石砂三种形态，磷钙石呈现出来的最多形态是磷钙石结核。磷钙石结核的大小不一，形状多种多样，颜色也不尽相同，最小的直径有几厘米，最大的直径有十几厘米；而海底的磷钙石砂则大都呈现出颗粒形状，大小通常只有0.1～0.3毫米。

那么，这些可以作为农业矿产的海洋矿物是如何形成的呢？对于这一问题的答案，人们有着诸多说法。比较著名的是生物成因说与化学沉淀说。还有一些科学研究者将生物成因说与化学沉淀说给予了综合，认为这两种学说是磷钙石生成所经历的两个阶段：当大量繁殖的生物将溶解与分散在海水中的磷酸盐富集到自己的机体之中，这便是生物成因说的生物作用阶段；当大量的生物出现死亡之后，在其尸体分解的过程中又会释放出大量的磷，生物的残骸通过化学作用使得磷钙石出现。

科学家们按照磷钙石的产地将海洋中的磷钙石分成了存在于大陆边缘的磷钙石与存在于大洋之中的磷钙石，那些分布于大陆边缘的磷钙石主要分布于水深十几米到几百米的陆架与陆坡之上，这些磷钙石时常与泥、砂及带有砾石的海绿石沉淀物混合到一起；而分布于大洋之中的磷钙石则时常出现于西太平洋的海山区域，这些磷钙石时常与富钴结壳一起存在。

通过科学家们的调查发现，存在于海洋底部的磷钙石达到了几千亿吨，仅利用其中的10%，便可以让全球连续使用百年之久。

海洋深处的“可燃冰”

那些来自海洋深处的可燃冰矿藏有着十分巨大的储量，可以让人类使用一千年之久。海洋深处的“可燃冰”到底是一种什么样的物质呢？为什么它的出现会带给世界巨大的轰动呢？人们可以在哪里寻找到它的踪迹？它又有着什么样的开发前景呢？

或许有人从字面意义上认为“可燃冰”是一种冰。事实上，它并非冰，而是一种被科学家们称为“天然气水合物”或“气水合物”的矿物质。可燃冰是水与碳氢化合物气体在高压与低温条件的作用下混合产生的一种固态物质，是一种类冰的、有着笼形结晶的化合物。可燃冰的外貌与冰雪或固体酒精十分相似，若是遇到火，可以立即发生燃烧。不仅如此，可燃冰还有着非常高的热量，每立方米的可燃冰可以释放出 164 立方米的天然气。据科学家们的推算，可燃冰中所包含的有机碳总量是全球已经知晓的煤、石油及天然气的两倍。

可燃冰还有一个优点是：它燃烧之后，并不会像其他常规能源那样会生成具有污染的氧化物，而仅仅会生成少量的二氧化碳与水。因此，人们将其称为继石油与天然气之后最好的替代能源。

海洋形成可燃冰必须具备三个基本的条件：不可有太高的温度、足够的压力、气源。可燃冰虽然在 0 摄氏度以上可以生成，但是最好在 10 摄氏度以内，最高不可超过 20 摄氏度。温度一旦超出了 20 摄氏度，便会导致可燃冰的分解。可燃冰的形成必须具备足够的压力，但是，这种压力也不可过大，若是温度在 0 摄氏度时，只需要 30 个大气压以上便可以令其生成。可燃冰的生成还必须有气源。

目前，有关于可燃冰形成原因，主要有两种观点。一些科学研究者认为，可燃冰最初是源自海洋底部的细菌。在海底之中有很多动物与植物的残骸，这些动物与植物的残骸腐烂时便会产生细菌，而细菌又会排出甲烷，一旦具备高压与低温的条件时，由细菌产生的甲烷气体便会被锁进水合物中，从而形成可燃冰。还有一些科学研究者认为，可燃冰的形成是由于海洋板块的活动而生成。当海洋的板块出现下沉的情况时，那些比较古老的海底地壳便会不断下沉到地球的内部，海底存在的石油与天然气便会随着板块的边缘不断地涌上来。当这些从地下涌上来的石油与天然气接触到冰冷的海水并受到深海的压力时，天然气便与海水发生了化学作用，从而形成了水合物，即可燃冰。

至今，有关可燃冰形成原因并没有得到肯定的答案，可燃冰到底是因为海洋的细菌而生成的还是因为地壳的下沉而形成的，并不能完全肯定。

虽然可燃冰有着十分可观的开发前景，但是想要成功开采却是十分困难的。可燃冰产于海洋的底部，这为人类的开发带来了重重阻碍；可燃冰本身所具备的一些物理属性使得其开采困难重重，若是开采不当的话，势必会出现十分恶劣的现象。可燃冰是一种低温与高压两方面共同作用下的产物，尤其是可燃冰更需要高压。在足够的高压之下，可燃冰在18摄氏度时还可以保持“冰”的性质，这也使得其成为一种不折不扣的高温冰。正是因为这种性质，也为可燃冰的开采带来了非常大的困难，若是开采者不能保证有足够的高压与低温的话，便会导致可燃冰迅速地融化成水与甲烷。若是不能对甲烷进行良好的收集，一旦让大量的甲烷直接进入大气之中，势必给全球的气候带来巨大的灾难。

不仅如此，人类大量地对海洋深处的可燃冰进行开采的话，不仅

会面临类似的环保问题，还有可能导致海底软化，从而导致大规模的海底滑坡，对海底工程设施造成损坏。因此，若想成功开采可燃冰，需要人们运用恰当、最佳的开采技术与方法，将开采出现的不良影响降到最低。

第三章　海水资源与开发技术

随着人类社会的快速发展，人们对海水资源的利用与开发越来越多，海水的用量也越来越大。海水的淡化可以有效地缓解沿海城市的缺水问题。在一些发达的国家，海水的冷却被广泛运用到沿海的诸多工业领域，比如冶金、石油、煤炭、电力、化工、建材、纺织、食品、医药等。人们在对海水进行直接利用时，时常采用到的技术有海水的直流冷却、海水的循环冷却及海水的冲洗技术等，与海水直接运用相关的技术还有防腐涂层、阴极保护、耐腐蚀材料、防生物附着、杀菌、防漏渗及冷却塔等技术。

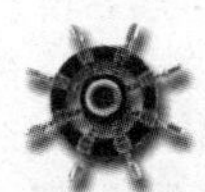

海水为何又苦又咸

稍稍对大海有所了解的人都会知道，海水的味道是又苦又咸的。海水为什么会有苦涩的味道，它又为何会是咸的呢？这些问题一直困扰着无数的人。甚至还有人提出“海水会不会随着时间的不断飞逝而变得越来越咸”的问题。尽管无数的科学家们投入到这项研究中，但至今却并没有寻找到可以解决这些问题的答案。

海水之所以会是这种味道，主要是因为海水之中有着3.5%左右的含盐量。存在于海水之中的盐，大多数是氯化钠，也就是食盐，还有一少部分是氯化镁、硫酸钾及碳酸钙等物质。

或许看到这里，又会有人问了：海水之中为什么有那么多盐的存在？海水中的盐到底从哪里来呢？对此，一些研究者认为，由于地球经过了十分漫长的地质时代，最初在地球上的地表水都是淡水。后来，由于水流不断冲刷侵蚀地表的岩石，使得原本存在于岩石之中的盐分不断地被溶解于水中，而这些水流最终流入大洋，这便使得海洋成为盐类的最终归宿。当海洋中的水分出现不断蒸发后，那些流入到海洋之中的盐分便沉积，时间久了，海洋中的盐分越积越多，这样海水便变成咸了。但是，若是按照这种说法推算的话，海洋中的盐含量会越来越多，而海水会变得越来越咸。

对于上述说法，一些研究者提出不同的观点，他们指出：最初的海水并非是无味的，海水原本便是咸的，这种咸味是先天形成的。这些研究者通过观测，发现海水并不是越来越咸的，而且海水中含有的盐分也并没有明显增加，只不过在地球的各个地质时期，出现在海水中的盐分比例是不尽相同的。

大多数的科学研究者认为，海水之所以是咸的，不单单与先天因素有关，还有着很大一部分的后天因素。这些研究者认为，不仅仅有陆地上的盐类流入海洋之中，海洋底部的火山喷发也会给海洋带来盐含量。不过，虽然海洋中的盐分会不断增加，但是伴随着海水中的可溶性盐类的不断增加，在这些盐类之间便会形成一些不可溶的化合物，这些化合物最终会沉入海底。时间久了，便会被海底充分吸收，从而使得海洋中的含盐量一直保持在一定的平衡状态。

因此，若想真正搞清楚“海水为何是苦涩的”、“海水中的盐类到底来自何方”这类问题，还有待海洋科学研究者进一步证实。

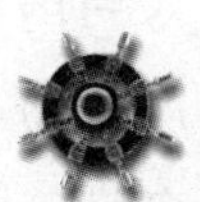

对海水淡化处理的研究

有着极大含盐量的海水，可以通过一些技术将其淡化处理，将海水中的盐分脱离，从而生产出淡水，这样不仅可以有效地实现水资源利用的开源增量技术，还可以令淡水的总量增加，并且还不会受到时空与气候的影响，便可以获得好水质、价格合理的民用水与工业锅炉补水。

让海水淡化一直是人类追求的梦想，早在四百多年前，英国王室便曾下令悬赏征求经济合算的海水淡化的方法。到了 20 世纪 50 年代之后，海水的淡化技术随着陆地水资源出现严重的缺乏而得到快速的发展。在 1954 年，美国出现了全球第一个海水淡化工厂，这所海水淡化工厂至今还在运行着。人类之所以会产生将海水淡化的想法，主要是满足饮用水与农业用水两个方面的考虑，还有一些食用盐也会以副产品的形式被生产出来。

如今，在全球已有十多个国家、一百多个科研机构着力于对海水淡化进行研究，并且已有几百种不同容量、不同结构的海水淡化设施投入工作中。每天都可以生产出数千到数万吨淡水的现代化大型海水淡化厂已被建成，这也使得海水淡化的成本不断降低。我国一直都没有将国外所垄断的反渗透膜技术运用到海水淡化之中，直到 20 世纪 90 年代末期才开始掌握反渗透膜的海水淡化生产技术。

事实上，我国在海水淡化方面有着几十年的历史。在新中国刚成立时，人们便已意识到海水淡化的前景与可能在将来所起到的作用。1958 年，我国的科学家们第一次在国内开展了离子交换膜电渗析海水淡化研究；此后，国家科委又组织了全国海水处理、分析化学、材料化学及流体力学等领域比较优秀的科学家共同商讨海水淡化的问题。1984 年，我国开始注重膜技术。然而，此时的美国海水淡化用复合膜及其卷式元件已经大规模商业化运作，并且大量投入到国家与民用项目之中。为了发展膜技术，我国于 1992 年以国家海洋局杭州水处理技术研究开发中心作为依托，组建了国家液体分离膜工程技术研究中心，也正是从这时起，我国开始了国产反渗透膜的研制。经过了将近十年的技术研制，到了 2001 年，我国才有了自己的反渗透膜产品，并拥有了完全自主知识产权，由我国制造的高性能复合膜元件不断投放到市场之中，这也使得我国成为全球第四个掌握自主反渗透膜技术的国家。

由于陆地淡水资源的日益匮乏，使得越来越多的国家与人民将目光投向了有着巨大资源的海洋，一旦运用某些技术将导致海水又苦又涩的盐类去除，便可以成功获得淡水。不过，海水淡化的前提是必须掌握正确的淡化技术，这样才能为人类寻找到更大的淡水资源。

利用电渗析技术淡化海水

电渗析技术是运用离子交换膜对海水进行淡化处理的方法，这里所用到的离子交换膜属于一种功能性膜，由阴离子交换膜与阳离子交换膜两部分组成。阴离子交换膜只可以让阴离子从中通过；而阳离子交换膜则只能够让阳离子从中通过，这便是离子交换膜所具备的选择透过性。一旦受到外加电场的作用，存在于水溶液中的阴离子与阳离子便会分别朝着阳极与阴极移动，若是在此过程中加入一种交换膜的话，便可以实现分离浓缩的目的。因此，利用电渗析技术对海水进行淡化便是运用了这样的工作原理。

海水电渗透技术淡化工具——电渗透器

在人们通过电渗析技术对海水进行脱盐操作时，便制造出了电渗析器。这种电渗析器利用电渗析的工作原理，进行脱盐或废水处理。电渗析器由膜堆、极区及压紧装置三大部分组合而成。其中，电渗析器的膜堆是指阳膜、隔板、阴膜三个结构，一个结构单元称为一个膜对。每台电渗析器都是由许多膜对组成的，这些膜对被称为膜堆。隔板最常用到的是1～2毫米的硬聚氯乙烯板制作而成的，在隔板之上有着配水孔、布水槽、流水道、集水槽及集水孔。运用隔板便可以令两层膜之间形成一个水室，构成流水的通道，还可以进行配水与集水。电渗析器中的极区主要是给电渗析器提供直接电的，它可以将原水导入膜堆的配水孔中，再将淡水与浓水排出电渗析器，并且可以通入与排出极水。最后，电渗析器中所用到的压紧装置主要是用来将极区与膜堆组合成可以不漏水的电渗析器整体。

电渗析技术进行海水淡化处理的工作原理是：首先让原水进入到小水室中，这些原水在直流电的作用下，水中的离子便会作定向迁移。由于阴膜只允许阴离子通过，阳离子被阴膜截留了下来；而阳膜只允许阳离子从中通过，在阳膜之中便留下了阴离子。这样便可以令小水室中的一部分水变成了含有离子很少的淡水，最终排出的水便为淡水。这时与淡水室相邻的小水室则因为变成了聚集大量离子的浓水室，进而令离子得到了分离与浓缩，海水也得到了净化。

电渗析技术不仅可以用来对海水进行淡化，从而获得饮用水与工业用水，它还可以对海水进行浓缩，从而从海水中提取到食盐。不仅如此，电渗析技术还可以与其他单元技术组合到一起，从海水中提取到高纯水。由此可见，电渗析技术是一项用途非常广且十分有效的海水淡化处理方法。

多级闪化与闪蒸技术

作为一种海水资源利用的技术，海水淡化已经经历了几十年的研究与发展，如今，这项技术已经变得非常成熟，能耗的指标也得到了有效的降低。在海水淡化处理技术中，一项十分重要的技术便是蒸馏，其中最为成熟的技术是多级闪化法与多级闪蒸法。因为在各种各样的海水淡化技术之中，多级闪化技术的单位产量是最大的，每单位机组的设计每日最多可以产出 5.76 万立方米。因此，直到现在，全球范围内依然以多级闪化技术对海水进行淡化。多级闪蒸技术是一项最为成熟的海水淡化技术，可以被运用到大型的海水淡化工程中去。那么，多级闪化技术与多级闪蒸技术到底是什么样的技术呢？它们又是如何工作的呢？

多级闪化技术是通过蒸馏的原理将海水中的水分转变成水蒸气，这样便可以将溶解于海水中的盐分进行分离。通过减压的方法，可以闪化降低沸点，从而产生水蒸气，而水蒸气经过冷凝之后，便可以制造出淡水了。运用多级闪化技术不会令含盐的水变得真正沸腾，因此，这种技术可以大幅度地改善积垢问题。

在运用多级闪化技术处理海水时，主要有两个要点：第一，必须要有一个加热区域，通常加热区都是采用蒸气做热源，当蒸气冷凝之后便回到锅炉中；第二，必须要有一个闪化区域，也就是一个多级的闪化与热回收区域，级数的多少会因设计要求的不同而不同。

多级闪蒸技术的工作原理是：首先将海水加热到一定的温度，再将加热之后的水分引入闪蒸室，闪蒸室拥有的压力控制在低于热盐水的温度所对应的饱和蒸气压的条件下。当热盐水进入闪蒸室后，因为温度过高而出现快速的部分气化，这样令热盐水自身的温度降低，当产生的蒸气发生冷凝之后，便可以提取到淡水了。

多级闪蒸技术乃是为了改善多效蒸发结垢十分严重的缺点而发展的。这项技术不仅不需要太复杂的设备，设备十分可靠，能够起到很好的防垢性能、易于大型化淡水处理的操作、操作的弹性也非常大，尤其还可以利用低位热能与废热。因此，多级闪蒸这项海水淡化技术一经问世，便得到了快速的应用与发展。

多级闪蒸技术不单单可以被应用到海水淡化中去，它还被广泛应用到石油化工厂与火力发电厂的锅炉供水以及工业废水与矿井苦咸水的处理与回收之中。多级闪蒸技术是一项十分成熟的海水淡化工业技术，它的运行有着极高的安全性，弹性也非常大，比较适合于大型与超大型的海水淡化装置。因此，这项技术通常被一些海湾国家运用。

反渗透技术淡化海水

在 20 世纪 50 年代，反渗透技术只是作为美国政府开发净水而被应用的。到了 20 世纪 60 年代，这项技术才被人们运用到海水淡化中去。何谓反渗透技术？它是指在膜的溶液一侧施加比溶液渗透压高的外界压力，这样便可以令溶液在透过半透膜时，只有水可以透过，而其他物质则被隔离在膜表面。

事实上，反渗透技术所描绘的是一个自然界中水分自然渗透过程的反向过程。最早的时候，一位美国的科学家在海上航行的过程中，无意间发现了飞行于海面之上的海鸥从海面啜起一大口海水，几秒之后，又吐出一小口海水。对于海鸥饮水的现象，这位科学家便产生了这样的疑问：为什么陆地上生活的、通过肺呼吸的动物无法饮用这种有着高度盐分的海水，而海鸥却可以？为了弄明白其中的缘由，这位科学家便带回了一只海鸥进行研究。

在试验室中，科学家对海鸥进行了解剖，发现在海鸥的嗉子处有一层薄膜，而这一层薄膜的结构十分精密。于是，科学家便想：海鸥一定是运用了这层薄膜将海水过滤成可以饮用的淡水的。海鸥之所以会在饮用了海水几秒钟后再吐出一小口海水，是因为它要将海水的杂质与高浓缩盐分部分吐出来。这位美国科学家的发现为反渗透法的理论建立了基本架构。

反渗透技术通常被称为超过滤技术，这项技术运用只允许溶剂透过而不允许溶质透过的半透膜技术，将海水与淡水进行分隔。一般情况下，当淡水通过半透膜时，会扩散到海水的一侧，进而令海水那侧的液面不断升高，一直升到一定的高度，这一过程为渗透过程。

这时，海水那侧高出水柱便会产生静压，也就是渗透压。若是对海水的一侧施加了大于海水渗透压的外界压力的话，海水中的纯水便会反渗透到淡水中，从而得到淡化。

运用反渗透技术进行海水淡化的最大优点便是节能，这项技术的能耗只有电渗析技术的一半，是蒸馏技术的2.5％。不仅如此，它还可以从水中去除90％以上的溶解性盐类与99％以上的胶体微生物与有机物等。特别是通过风能、太阳能作为动力的反渗透净装置，可以成为解决常规能源缺乏的有效手段。另外，反渗透技术应用范围也是非常广的，它不仅可以用在对海水淡化处理中，还可以用在苦咸水淡化的工程中，也是现有的海水淡化技术中最为经济的技术。因此，自从1974年来，美国与日本等发达国家都相继将海水淡化发展的重心力转移到反渗透技术方面。运用反渗透技术制造出来的纯净水具有较高的脱盐率、产水量大、消耗化学试剂少、没有太大的劳动强度、水质稳定、离子交换的树脂的寿命较长及终端过滤器使用寿命长等优点。在多种优点的作用下，使得反渗透技术将在未来二十年内成为最有效、最关键的海水淡化处理方式。

利用冰冻淡化海水

由于第二次世界大战之后，国际资本大力开展中东地区的石油开发，从而使得中东地区的经济得到飞速发展。随之而来的便是这一地区的人口不断增加，给原本便十分干旱的中东地区带来了更大的需水量。在这样的情况下，淡水资源的需求日益增加。由于中东地区独特的地理位置与气候条件，再加上十分丰富的能源，使得该地区不得不将淡水需求的目标盯向海水淡化。如此，海水淡化的装置便面临着大型化的需求。面对如此的社会背景，海水淡化的各项技术应运而生，现代海水淡化产生也因此进入到了高速发展阶段，其中一项便是通过冷冻技术对海水进行淡化处理。

冷冻技术淡化海水，也就是将海水冷冻使之结冰，当液态水变成固态冰的同时将海水中的盐分分离出来。这种技术与蒸馏技术有着相同的、很难克服的弊端：消耗很多的能量，但是最终得到的淡水资源并不多，并且最终得到的淡水的味道并不好，很难供人们饮用。对此，真空冷冻技术可以解决上述困难。在真空冷冻海水淡化技术的过程中，有着脱气、预冷、蒸发结晶、冰晶洗涤、蒸汽冷凝等步骤，这种方法淡化的海水可以达到国家的饮用水标准，也是一种比较理想的海水淡化技术。

海水之中存在一个三相点，即令海水的汽态、液态、固态三相共存并达到平衡的特殊点。若是因为压力或温度偏离了海水的三相点，海水的三态平衡便会被破坏，海水的三相便会自动趋于一相或两相。真空冷冻技术便是利用海水的这个三相点的原理，通过水自身为制冷剂的特点，使得海水同时蒸发与结冰，再将冰晶进行分离、洗涤，

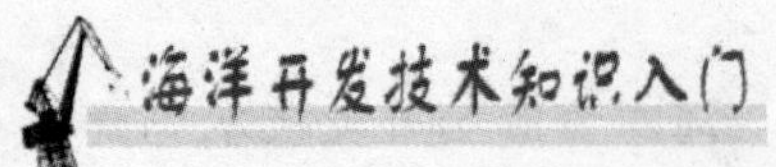

从而得到海水淡化水的一种低成本的淡化技术。

由于海水中溶有不凝性的气体，这些气体在低压条件下几乎可以全部释放，并且不会在冷凝器中发生冷凝。正是因为如此，才使得系统的压力升高，令蒸发结晶器内的压力高出三相点的压力，从而破坏操作的进行。当海水脱气之后，便可以与蒸发结晶器内排出的浓盐水与淡化水产生热交换，并且预冷到海水的冰点附近。

通过海水淡化法工艺得到冰盐水属于一种固液系统，运用普通的分离方法便可以使冰与盐水得到分离。只是分离的方法不同，所得到的冰晶含盐量也不尽相同。经过人们的开发，减压过滤方法获得的冰晶含盐量要比常压过滤的方法获得的冰晶含盐量低很多。在蒸发结晶器内，通常不仅有海水析出的冰晶，还有大量的蒸气，只有将这些蒸气及时移走，才能够保证海水不断地蒸发与结冰。

相比于蒸馏技术、膜海水淡化技术，冷冻技术淡化海水的能耗低，腐蚀与结垢都比较轻，预处理也非常简单，不需要对设备进行大规模的投资，并且可以对高含盐量的海水进行处理，因此，冷冻技术淡化海水的方法是一种较为理想的海水淡化法。

利用太阳能淡化海水

2010年6月，由杭州水处理技术研究开发中心倡导，在舟山市岱山县大鱼山岛建造了一套光伏太阳能海水淡化示范工程。这一太阳能海水淡化示范工程的建立，将解决示范工程的选址、太阳能的采光、海水的取水、淡化处理设备的布置、防风设计与安装调试等诸多重点问题。这项工程中的太阳能系统，是由太阳能电池组直流或交流逆变器、太阳能充放电控制器与蓄电池及配电系统组合而成的，当工程开始运转之后，发电总功率便可以达到5.4千瓦。

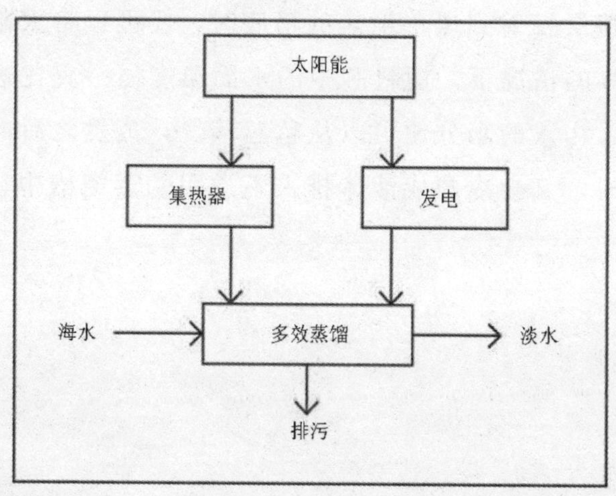

太阳能海水淡化系统原理

最初的时候，人们之所以会想到运用太阳光的照射对海水进行淡化处理，是因为运用太阳能可以对海水进行蒸馏。因此，最早利用太阳能对海水进行淡化的装置通常被称为太阳能蒸馏器。人们运用被动式太阳能蒸馏系统的例子是盘式太阳能蒸馏器，至今，人们运用这种方法已经有一百五十年的历史了。因为这种技术没有复杂的结构，操作也非常简单，取材十分方便，一直被人们广泛应用。

当下，人们对盘式太阳能蒸馏器的研究目标主要放在材料的选择、各种各样热性能的改善及将其与其他太阳能集热器配合使用等方面。相对于传统的动力源与热源而言，太阳能不仅十分安全，还有极具环保特性。若是将太阳能的采集与脱盐技术系统结合到一起使用，便可以得到一种可持续发展的海水淡化的技术。

由于运用太阳能对海水进行淡化处理没有常规能源的消耗，不会给环境带来污染，所得到的淡水纯度比较高，因此，这一项技术深受人们的重视。那么，太阳能淡化海水的工作原理是什么样的呢？

事实上，太阳能蒸馏技术使用的是简单的太阳能蒸馏器。太阳能蒸馏器主要由一个水槽组成，在水槽之中有着一个黑色多孔的毡芯，在槽顶上盖了一块透明、边缘封闭的玻璃覆盖层。当太阳光照射穿过透明的覆盖层投射到黑色绝热的槽底时，便可以将太阳光转变成热能。在这样的情况下，塑料芯中的水面温度便一直比透明覆盖层底的温度高，注入的水分便可以从毡芯蒸发，蒸发之后的气体扩散至覆盖层上时，又会冷却成液体排入不透明的蒸馏槽中，从而提取到淡水。

其他淡化海水的技术

经历了几十年间的发展，如今的海水淡化技术已发展到很多种。除了前面介绍过的海水淡化技术之外，还有露点蒸发淡化技术、水电联产淡化技术、热膜联产淡化技术等。下面便是这几种淡化技术的介绍。

露点蒸发海水淡化技术是一种新兴的将海水与苦咸水进行淡化处理的方法。这种技术是建立在载气增湿与去湿的原理之上的，而且，回收冷凝去湿的热量与传热的效率都受混合气侧的传热控制。这项淡化技术将空气作为载体，再通过海水或苦咸水对其增湿与去湿来提取淡水，并且还通过热传递将增湿的过程与去湿的过程相结合，从而令冷凝潜热直接传递至蒸发室，这样便可以为蒸发盐水提供汽化潜热，进而提升热效率。

水电联产淡化技术主要是指将海水淡化水与电力联产联供。在很大程度上，海水淡化所需要消耗的成本为其消耗的电力与蒸气的成本，而将水与电实现联产便可以有效地利用电厂的蒸气与电力为海水淡化装置提供动力，进而成功实现能源的高效利用，使得海水淡化的成本得到降低。

热膜联产淡化技术主要是指运用热法与膜法将海水中的盐分脱去，从而获得淡水。海水淡化相联合的方式有 MED－RO（多效蒸发与反渗透）、MSF－RO（多级闪蒸与反渗透）两种，这两种方法可以满足不同用水的需求，有效降低海水淡化所需要的成本。当下全球最大的热膜联产海水淡化厂位于阿联酋，这家海水淡化厂每日可以生产出海水淡化水 45.4 万立方米，而多级闪蒸技术每日的产水量则为 28.4 万立方米。由此可见，热膜联产淡化技术的优点是投资成本低，可以将 RO 与 MED/MSF 装置按照一定量的比例搭配，以满足不同的需求。

海水淡化技术多种多样，在实际应用的过程中，并没有哪一种技术是绝对的，应当根据海水淡化工程的规模大小、能源费用、海水所具有的水质、气候条件、技术与安全等实际情况而定。要知道，一个大型的海水淡化工程往往是十分复杂的，它是由多种工艺过程组成的系统。大概来讲，海水淡化处理的过程主要有：海水的预处理、海水脱盐及淡化后处理等。在预处理的过程中便应用到了多种技术。预处理是指海水进入可以淡化功能的装置之前所要做的处理，比如除杀海洋生物、有效降低混浊度、去除海水中的悬浮物、加入必需的药剂等操作。海水脱盐的过程是通过淡化技术去除海水中的盐分，也是整个淡化系统的关键部分。在这部分不仅需要高效地将海水中的盐分去除，还需要对淡化设备进行防腐与防垢，甚至有一些技术之中还必须要有相应的能量回收措施。海水淡化后的处理则是指对不同的淡化方法的产品，按照不同用户的需求，进行水质的调控与贮运方法的处理。

在对海水进行淡化的过程中，不管运用哪种淡化技术，都必然存在能量的优化利用与回收、设备的防垢与防腐、浓盐水的正确排放等各类问题。因此，只有正确运用海水淡化技术、合理进行海水淡化，才能令海水资源得到最大化的利用，保证人类生存的环境不会因此而遭受破坏。

巧妙运用上升流

在海洋之中会出现从表层以下沿着直线上升的海流，被称为上升流。之所以会发现这样的现象，是因为表层流场所产生的水平辐散。由于表层流场会出现水平辐散，从而可以导致表层以下的海水呈直线上升的流动；与之相反，由于表层流场会发生水平辐合，令海水由海面呈直线下降的流动，被人们称为下降流。将上升流与下降流联合到一起便是升降流，这种海洋现象属于环流的重要组成部分，升降流与水平流动一起组成了海洋环流。

大洋之中发生升降流，与风存在极其密切的关系。在北半球，当风沿着与海岸平行的方向进行长时间地吹刮时，由于受到地球自转偏向力的影响，由风所形成的风漂流便会令表层海水脱离海岸，从而导致近岸的下层海水上升，并形成上升流；在这些因素的作用下，那些远离海岸的海域则会形成下降流，下降流是从下层流向近岸的，这样才能弥补近岸海水的流失；同样，在南半球也会有这样的现象发生。在受台风的影响下，台风中心的表层海水便会发生辐散，从而导致表层下层的海水出现上升的情况，进而形成了上升流；而在台风边缘的海域则会形成下降流。

上升流的流速非常小，只有 0.0001～0.02 厘米/秒，通常人们只能够从平面与断面水温等值线的分布图对其加以定性判断，抑或依据质量守恒定律，通过水平流速的辐散值对其进行大致计算。通过海洋研究者的试验得出，上升流的速度与其所在海域有着很大的关系，会因不同的海域而发生变化。

事实上，在各个大海洋的诸多海域都存在比较明显的上升流，尤其是当季风沿海岸线吹刮时，便导致大片的上升流。全球最强的上升流位于索马里与阿拉伯半岛东面的海岸带，我国的海南岛与台湾近海及东海的一些海域也会发生上升流；在岛屿背对风向的一侧、延伸到海洋的海岬背风面、暗礁的周围、北半球有着比较强的逆时针流旋中，甚至连水团的边界地方也会发生局部的上升流；在大洋海面的辐散区域内同样会发生上升流。比如，由于风漂流的影响，使得赤道附近的北赤道流与赤道逆流之间发生了水平辐散，其下层的水上升到海面之上，从而形成了上升流；在南赤道流与赤道逆流之间由于发生水平辐合，从而导致了表层海水朝次层下降，进而形成了下降流；除了这些之外，在南赤道流与南半球之间，由于次层水会上升到海面，从而导致上升流的发生。

随着上升流的出现，来自深水截获大量的海水营养盐，比如磷酸盐与硝酸盐等物质也会被带到表层，从而令海洋表层拥有了丰富的饵料。根据这一特点，人们已经在上升流比较显著的海域建成了大量的渔场。有人曾在1969年便推断，上升流海域的面积虽然仅仅占到全球海洋面积的0.1%，但是运用这一优势所收获的海洋鱼类却占到全球海洋鱼类总产量的一半。比如，由于秘鲁沿岸有着非常强劲的上升流，这也为秘鲁海岸带来了巨大的利益，并形成了全球著名的渔场。

将海水用到农业灌溉中

在地球上生活的人类越来越多，地球的生态环境、地球资源等各个方面都面临着巨大的压力，尤其是人类在农业生产方面所面临的压力越来越大。随着地球人口不断上升，全球每年都以700公顷的速度失去着可耕地。据相关科学家的预测，到2025年，因为海水的分包、盐碱化及淡水资源的严重缺乏会导致全球几千万公顷可灌溉土地变得无法耕种。为了避免这种情况的发生，一些科学家将眼光转向了海洋，他们认为，若是能够运用海水进行农业灌溉，或许能够有效避免可耕种地的损失。

尽管在很早以前，便有人设想直接运用海水进行农业灌溉，但是每千克海水之中平均含盐0.035千克，若是用这么高含盐量的海水对绿色植物进行灌溉的话，势必令绿色植物遭遇巨大的灾难。因为植物的细胞中所包含的主要成分便是淡水，植物的淡水量大约占到整个细胞的85％～90％之间，而植物的细胞膜有着逆向阻挡作用，能够令细胞内外的渗透压可以相差6～8个大气压。正是因为植物细胞中所存在的浓度压力差，才起到了令细胞膜内的水分逆向交流——从低浓度朝着高浓度流，从而令细胞保持在一定的形态与体积状态下。若是运用浓度与渗透压都非常高的海水对农作物进行灌溉的话，便会导致植物细胞的逆向阻挡遭到破坏，存在于植物细胞内的水分便会发生外溢，最终令农作物因为失去水分而变得枯萎、死亡。从这一角度来看，直接运用海水进行农业灌溉是不可能的。

不过，人类坚持不懈的钻研，将上述的不可能转变成了可能。曾经有一位苏联的科学研究者发现了某些能够适应海水环境的植物，也就是科学界所说的“盐生植物”。这些盐生植物有一个十分奇特的组成部分，根部有一个过滤器，运用这个过滤器可以成功地将海水中的盐分过滤掉，因而，这些植物便可以直接通过海水进行灌溉。

后来，美国的科学研究者从全球各地采集到了75种盐生植物，并对这些植物进行了研究与分析，发现其中有14种盐生植物具有极大的发展潜力，还有两种植物拥有和小麦一样多的蛋白质。若是对这两种植物加以运用的话，它们便可以成为人类的新粮食作物。

为了得到更多的耐盐类的农作物，一些科学研究者将各类农业作物与野生的盐生植物进行杂交。这些科学研究者认为，由于植物细胞膜内外渗透压之间存在着差别，只需要培育出细胞内矿物质浓度比较高的植物，便可以有效地避免有着极高盐分的海水对细胞的单向导通功能进行破坏，这样便可以在海水的灌溉下，令农作物更加茁壮地成长。

随着基因工程的不断发展，越来越多的耐盐性农业作物的培育进入到更新一步的发展实施阶段。就如何提升海水灌溉农作物的产量这一问题，一些科学研究者通过研究发现，将海水进行磁化，可以发挥出非常奇特的作用。让海水经过一定的流动速度从安装磁场装置的管道中通过，便可以得到磁化后的海水。当海水被磁化之后，便可以有效地促进农作物的生长与生物活性，进而令农作物的产量得到进一步的提升。

沙漠温室——沙漠中的蔬菜园

相信很多人都知道，通过太阳光照射的热能，可以令种植在温室之中的各类蔬菜在寒冷的冬季进行生长。但却很少有人知道，在天气十分炎热、干燥的沙漠之中，还可通过温室淡化海水，实现各类蔬菜的种植。通过温室淡化海水种植蔬菜的发明者是英国的光学工程专家查利·佩顿。

沙漠腹地的日光温室

查利·佩顿在波斯湾阿联酋的首都阿布扎比外的一片沙漠里建造了一座长 45 米、宽 18 米的巨大温室，并在温室之中种满了西红柿、黄瓜与各类鲜花。查利·佩顿建造的这座沙漠温室有着非常独特的设计。由于沙漠之中有着非常高的温度，极高的温度可以令海水蒸发，蒸发海水又可以使温室中一直保持适当的潮湿环境。当温室外面的温度达到 45 摄氏度时，温室内部的温度仅仅有 30 摄氏度；尽

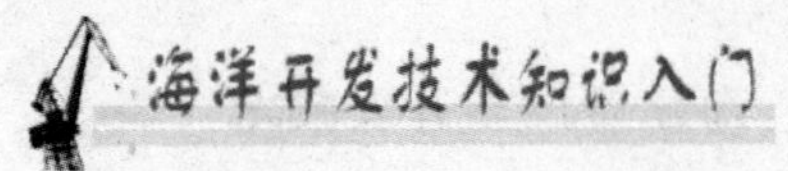

管在这座温室的外面是极其干燥的沙漠，而在温室之中，空气的湿度却可以达到90%。

30摄氏度左右的温度，再加上潮湿的空气，为各类蔬菜的生长提供了十分有利的环境。在具备如此湿度的条件下，蔬菜的叶子不会蒸发太多的水分。那些被种植在沙漠温室中的蔬菜，1平方米每天只需要1升水，而在温室外干燥、炎热的环境中种植的蔬菜，1平方米每天最少也要8升水才能满足。

查利·佩顿所建造的这种沙漠温室之所以能够令温室内一直保持适当的温度，是因为这种沙漠温室的顶棚是双层的，顶棚的外层由透明塑料搭建，顶棚的里层还涂了可以对红外线进行反射的涂层。如此一来，便可以令可见光进入温室之中，从而令蔬菜的光合作用处于最佳的状态。由于产生热能的红外线被挡到了两层顶棚形成的夹层之间，便可以令温室内的温度一直适中。

事实上，在查利·佩顿所建造的沙漠温室的后边还安装了可以生产出淡水的风扇与冷凝器。通过风扇装置，可以有效地将温室中的潮湿空气与顶棚夹层间的干燥热空气进行混合，而混合之后的空气又会通过温室后面墙上的多孔板吹向冷凝器，从冷凝器上流下的淡水便会滴入一个水箱，运用水箱中的水便可以对温室中的蔬菜与鲜花等农作物进行灌溉。

这种沙漠温室不仅可以生产出大量的新鲜蔬菜，最重要的是这种方法非常节省成本。因为它实际消耗的电能还不足3千瓦。与此同时，通过沙漠温室，每天便可以令3000升海水得到蒸发，并得到800升淡水，这些淡水量足够满足温室农作物的需水量了。由查利·佩顿发明建造的沙漠温室能够令许许多多沿海比较干旱的国家获得巨大的利益。如今，查利·佩顿计划在海湾地区建造400座沙漠温室，他甚至还计划在一些极度缺少淡水的国家建造沙漠温室。因此，在不久的将来，人们便可以在茫茫的沙漠之中看到处处绿色菜园。

世界最大的淡水资源库

当今，世界各国都面临着一个十分严重的问题，那便是淡水资源的严重匮乏，就连一向有着淡水资源大国之称的俄罗斯，如今也遭遇了干旱的困扰。淡水资源已经演变成一个世界十分关注的问题。在这样的社会环境背景下，寻找战略性水源已经发展成为每一个国家的经济与社会可持续发展的重要条件。然而，全球淡水资源只占到地球总水量不足3%，尤其是90%以上的淡水资源是以固体冰川的形式存在两极与高山之上的。其中，有72%的固体淡水资源位于南极洲的冰川。有着如此巨大淡水资源的南极冰山，第一个出现在人类对淡水资源的寻找视线中，并被人们认为是可以解救地球干旱的大救星。

南极冰山

在南极冰覆盖不断地朝着周边的海域进行运动的过程中，由于处于前沿的冰舌与冰架发生了崩解，从而产生了南极冰山。南极冰山的历史远远比人类的历史还要久远，至少形成在几十万年甚至几百万年以前。它是地球上最纯净的水资源，即使是当今最好的纯净水也不能与南极冰山的水相提并论。南极冰山中的水不仅质量上佳，而且水量巨大。由于地球气候不断变暖，使得南极冰川在加速融化，从而导致越来越多的边缘部分崩裂到海洋之中，最终形成了冰山。

曾经便有科学研究者做过推算，若是人们每年可以利用南极冰山的十分之一，就可以获得1000万美元的经济效益。即使是将南极冰山搬运到澳大利亚的南部、南非与南美洲的西南沿海的干旱地区，用它们维持人类的生活与生产，所需要的成本也是十分划算的。因为南极冰山搬运到干旱的地区进行淡水供应，其需要的成本与自来水的成本相差不大。即使在冰山搬运的过程中，有一半的部分融化掉，这种成本也远远没有对海水进行淡化的成本高。

既然南极冰山能够在如此低的成本下为人类提供最优质的淡水资源，那么，人类为何没有将其大规模地利用呢？因为，搬运冰山并非一件容易之事。试想，将如此巨大的物体搬运到目的地，其过程中会遭遇什么样的困难，是不言自明的。不管使用什么样的方法，搬运南极冰山都是一件困难的事情。

若想成功将南极冰山搬运到需要的地方，首先必须克服南极海域的多变气候、狂风、洋流、巨浪、大旋涡等自然条件。由于冰山在海浪的侵蚀作用下，会冲出很深的凹槽与洞穴，很容易在搬运中崩解。在搬运冰山的过程中，若想避免地球自转产生的偏向力的影响，就必须要增加许多航程。一旦冰山进入了比较温暖的海域之后，其外层的冰面便会快速融化，进而令整个冰山失去平衡，这样势必会给搬运船带来极大的危险。一旦冰山进入比较狭窄的小海峡时，就必须对其进行解体。由于南极大陆非常遥远，对冰山进行搬运的过程，不能进行太快。

搬运南极冰山不仅会有许多搬运过程中的问题，还存在对全球环境的影响。虽然科学家们并没有提出南极冰山移走之后，会对环境产生什么样的影响。但是，南极冰山的搬移一定会对局部的环境产

生影响，甚至导致生态环境失去平衡。

因此，对于严重缺乏淡水资源的人类来说，若想在不影响地球生态环境的情况下，最有效地利用南极冰山这一巨大的淡水资源库，还需要进行更深一步的探索与研究，以得到最佳的运用方案，将不良影响降至最低。

第四章　海洋生物与开发

海洋生物是指生活在海洋之中的各类生物，其中包含海洋动物、海洋微生物、海洋植物及海洋病毒等。在海洋之中生活的生物往往富含易于消化的蛋白质与氨基酸，特别是含有比植物性食物高出许多的赖氨酸，这些赖氨酸非常容易被人体吸收。自从20世纪80年代开始，人类便已开始对海洋生物的开发产生了极大兴趣。如今，人类在海洋生物开发技术方面取得了很大的成功，这也为人类寻找到了更加广阔的食物与药物生产渠道。

蓝色海洋中的食物链

从生态学的角度来讲，生物链主要是指由动物、植物及微生物之间通过食物营养的关系形成的相互依存的链条关系。在自然界中有着许许多多关于生物链的例子，比如，植物生长出来的叶子与果实成为昆虫的食物，而昆虫又会变成鸟类的食物来源；当鸟类得以生存之后，又有了鹰与蛇；在鹰与蛇的帮助下，鼠类才不至于泛滥成灾……正是因为自然界中的生物链存在，才为自然界的物质建立了一个健康的、良性的循环。

在海洋生物群落之中，食物链的结构犹如一个金字塔结构。大家都知道，金字塔的底座非常大，每上一级就会缩小一些。海洋食物链的结构便是：最基层由数量十分庞大的海洋浮游植物构成，这也是海洋食物链金字塔的“塔基”，更是最基本的组成部分。这一部分通过光合作用而生产出碳水化合物与氧气，从而成为维持海洋生物生命的物质基础。往上一级是海洋之中的浮游动物，这些海洋浮游动物的食物源是海洋浮游植物。再往上一级是以浮游动物为食的动物群。第四级是比较高级的食肉性鱼类。第五级是比较大型的食肉性鱼类、海兽，这些海洋生物也位于海洋食物链金字塔的最顶端。

海洋食物链的类型通常有放牧食物链与腐败或腐质食物链。放牧食物链从绿色植物开始，比如浮游植物类，将其转换到放牧的食草动物中，通过食用活的植物为生，最后才以食肉生物作为终点。这一食物链便是人们日常生活中时常提到的“大鱼吃小鱼，小鱼吃虾米，虾米吃泥土”的过程。腐败或腐质食物链的转移方式则是从死亡的有机物开始的，死亡之后的有机物会获得微生物，最终以摄食腐质的生物为生的捕食者作为这一食物链的最终点。其实，在海洋之中存在的食物链之间是可以相互连接的，很多时候并不是刻意地按照某种方式进行的，时常会出现交叉、连接、多种方式混合到一起进行。

在全球海洋中有着约10万种动物栖息其中，在这些海洋动物中，不仅有凶猛的食肉动物，还有大多数可以和平相处的鱼类。或许人们很难相信，在地球上生活着的最大的动物——鲸类，它们的食物源是海洋中最小的动物，即小鱼与磷虾。或许有人会认为这样的现象并不合情理。要知道，在海洋中磷虾的数量是十分巨大的，聚集密度也非常大。那些磷虾犹如被输入了某种“指令”一般，总是聚集到一起、团成一团，专门为鲸类提供食物。若不是因为有如此数量的磷虾存在，身躯庞大的鲸类也是不可能填饱肚子的。

自从亿万年之前开始，海洋独特的金字塔式的生物种群间的关系开始存在，使得海洋生物种群的生命得到持续延续，而这种海洋生命的维系关系又被人们称为海洋食物网。通常情况下，海洋中的各类生物建立起的食物链远远比林陆地食物链复杂得多。

那么，海洋食物链又具有哪些特点呢？以下便是海洋食物链所具备的特点：

第一，海洋生态系统食物链通常比较长，特别是大洋区的食物链达到了四五级，而陆地生物的食物链通常只有两三级，很少能够达到四五级。

第二，存在于海洋之中食物链的部分环节是可以逆向的、多分支的，再加上碎屑食物链、植食食物链及腐食食物链相互交错，使得海洋食物链的营养关系比陆地的食物链更复杂多样。

第三，海洋中的食物链所表示的是有机物质与能量从一种生物传递到另一种生物中的转移与流动的方向，它表现的并不是每一营养

层所需的有机物的数量与能量。

第四，食物链每上升到一定的高层次，所有的有机物质与能量便会出现比较大的缺失，食物链的层次分得越多，其总体的效率就越低。所以说，位于食物链层次越高的生物，它们所拥有的数量会变得越少；相反，对于食物链中的层次越低的生物，其个体的数量便会相对越多。

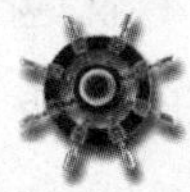

未来世界的粮仓

或许大多数的人都不会相信，未来世界的粮仓将会是海洋。说到这里，人们更不会明白了，为什么不会生长粮食的海洋将成为人类的粮仓呢?

不可否认的是，海洋之中是不可能进行水稻与小麦的种植的，但是，人类却可以从海洋之中捕捉到营养丰富、味道鲜美的鱼与贝类。生物体的构成中，最重要的物质是蛋白质，人类目前所消耗的蛋白质中不过有5%～10%来自海洋。若想让海洋变成名副其实的人类粮仓，就必须有足够的海鲜类产品，而大幅度提升鱼产量是有很大的可能的。

大家都知道，在自然界中有着多种多样的食物链。海洋也是如此，正是因为海藻的存在，才有了贝类的存在；正是因为有了贝类的存在，才有了小鱼、大鱼的存在。地球上的海洋面积要比陆地面积大出一倍还多，在近海通常有各式各样的渔场。在1000米以下的深海之中，硅、磷等的含量都非常丰富。只是这些深海营养都浮不到海洋的表面。所以，只有很少一部分的海域由于自然力的作用，会出现深海水自动上升到表面层的现象，这一现象会使得海域内的海藻丛生，从而令鱼群变得十分密集，那时将成为不可多得的渔场。

不过，值得庆幸的是，一些科学家们运用回升流的原因，在有着强烈光线的海域，通过人工方法将深海水抽到海洋表面层，之后再在那里培植海藻，并通过海藻饲养贝类，再通过加工之后的贝类进行龙虾的饲养，这种方法取得了巨大成功。

海洋科学家们指出，发展海洋粮仓的潜力是非常大的。科学家们

通过试验得出结论：即使是有着最高产量的陆地农作物，将其每公顷的年产量转变成蛋白质来计算的话，仅仅有 0.71 吨；而海洋饲养生物每公顷的年产量最高可以达到 27.8 吨。虽然在进行海洋养殖的过程中会经历重重困难，但是通过科学家们的不断研究，成功地将海洋饲养场与海水温差发电站联结到一起，从而为人类寻找到更多的粮食来源。因此，在未来的世界之中，将海洋转变成人类粮食仓库是完全有可能的。

浑身是宝的海蛇

海蛇是一种生活在海洋之中的爬行纲、海蛇亚科动物，有剧毒，长度通常在1.5～2米，它的躯干稍稍呈现出圆筒形，身体细长，后端与尾部呈现侧扁。海蛇的背部呈现深灰色，腹部呈现黄色或橄榄色，在其全身上下共有黑色环带55～80个。

海蛇可以在海洋之中轻松自如地驾驭波涛，还可以潜游水下捕捉鱼虾。距离当今6500万～2.3亿年前的中生代晚期，两栖类动物中的一部分从海洋之中脱离出来，到陆地上生活，从此进化为一种爬行动物——蛇；不过，还有一些蛇依然留在海洋之中，变成了当今人们所说的海蛇。在蛇类演化的最初阶段，在地球之上也出现过巨大的海蛇，只是那些巨大的海蛇只存在了很短的时间便灭绝了，人们只能通过留下为数不多的化石得知它们曾经存在过。

当今海洋之中存在的海蛇大约有50种，这些海蛇与眼镜蛇有非常密切的亲缘关系，它们都属于剧毒蛇。海蛇是海洋中的宝贝之一，与陆生蛇一样，有着非常高的经济价值。海蛇的皮可以用来制作乐器与手工艺品。海蛇的肉与蛋可以供人们食用，并且味道十分鲜美。海蛇的某些内脏可以制作成药品。唐代陈藏器所编著的《本草拾遗》中讲道："（海蛇入药）主赤白毒痢、五野鸡病、恶疮，灸食，亦烧末，服一、二钱匕。"沿海的渔民大多有食用海蛇的风俗习惯。海蛇时常被人们用来当作祛风燥湿、通络活血、攻毒与滋补强壮等功效良药，通常可以对四肢麻木、风湿症、关节疼痛、疥癣恶疮等症进行防治。

当科学研究者对青环海蛇、海蝰、长吻海蛇等海蛇与金钱白花

蛇、蕲蛇等陆地蛇的化学成分进行比较后得出结论：海蛇中的含有的氮高达9.94%，氮的含量比陆地蛇高出了1.03%，脂肪含量则比陆地蛇高出了0.53%，氨基酸总量比陆地蛇高出了5.2%，尤其是海蛇之中所含的人体必需的赖氨酸、异亮氨酸、苏氨酸、亮氨酸等都比陆地的蛇高出许多。因此，科学研究者证明了海蛇入药使用非常安全且无毒。

还有一些科学研究者对青环海蛇等四种比较常见的海蛇乙醇浸出物的营养成分进行研究，得出结论：其中所包含的19种氨基酸，特别是精氨酸、谷氨酸、缬氨酸及赖氨酸含量都非常高，还包含了铜、铁、钾、钙、钠等元素。

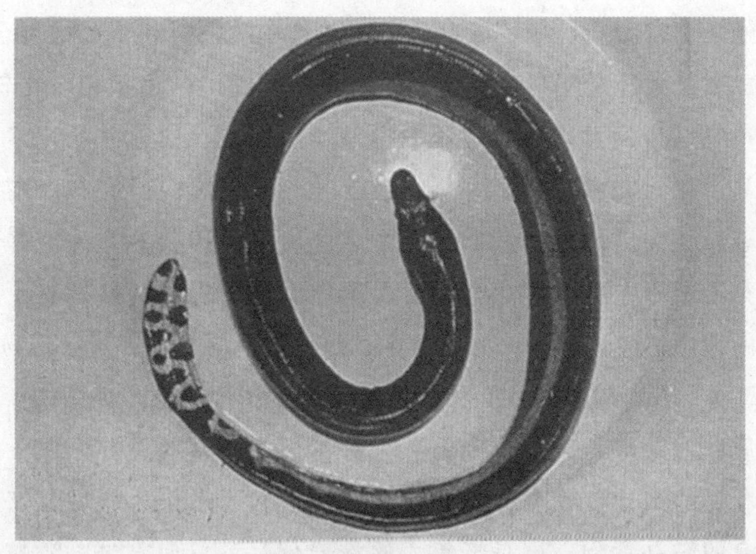

海蛇

从传统医学的角度来看，海蛇胆有着行气化痰、疏风祛湿、清肝明目等各类功效，它可以被用作对咳嗽、哮喘等疾病的治疗。有一些科学研究者通过对青环海蛇进行研究，测定青环海蛇胆含有的牛磺胆酸可以与陆生蛇所含有的此种成分相当，青环海蛇胆对咳嗽、痰有着非常明显的治疗效果，尤其是对对乙酰胆碱所造成的气管痉挛有着更加明显的缓解效果。

对于生活在沿海地区的渔民来说，他们时常通过熬制海蛇油治疗水火烫伤、冻疮、虫蚊叮咬等症状。科学家们研究发现，海蛇脂质、类脂质含有多种饱和不饱和脂肪酸，而维生素 A 及维生素 E 等元素的含量也是极为丰富的。因此，在日本有一项油针治疗技术，在这项技术中，人们运用海蛇脂质作为主要原料制成了注射剂，用到患者的身体压痛点与硬结部位，这样便可以有效地治疗腰痛及肩等部位的疼痛。

海蛇的毒液有着极其强烈的毒性，远远大于陆地毒蛇的毒性，一般海蛇的毒素半数致死量不足 0.10 毫克/千克，比如比较常见的青环海蛇为 0.05 毫克/千克，而平颏海蛇的则为 0.06 毫克/千克。与陆地蛇毒非常相似，海蛇毒也是由多种蛋白质混合到一起的混合物，主要成分是神经毒素与各种酶蛋白。由于海蛇的排毒量相对比较低，人们很难采集到可以满足应用的毒液量，因此，使得海蛇毒素的开发与利用相对非常滞后。不过，最近几年来，国内研究在海蛇毒方面有了新的突破，科学家们建立了多个海蛇毒腺表达文库，并克隆出了几十个海蛇新基因序列，使得重组后来的海蛇毒素具有了非常明显的抑瘤活性，有很大的可能将其开发成新的抗击肿瘤的药物。

海蛇不仅有着很大的药用价值，它的食用价值也是极高的。海蛇的肉质非常柔嫩、味道十分鲜美、有着极为丰富的营养，属于一种滋补壮身的最佳食物。因此，它时常被人们用来作为病后及产后体虚等症的滋补食物，更是老年人的滋养佳品。总而言之，海蛇有着十分丰富的营养，再加上其有着十分丰富的资源，有着极为广阔的开发与应用前景。

海底鸳鸯——马蹄蟹

生活在海洋之中的马蹄蟹，又被人们称为鲎。虽然这种海洋生物名为马蹄蟹，但是它并非真正的蟹，只不过是与蝎子、蜘蛛及已绝灭的三叶虫存在亲缘关系的海洋生物种类。马蹄蟹是一类与三叶虫一样古老的海洋生物。在古生代的泥盆纪，马蹄蟹便出现了。经历了无数岁月之后，与马蹄蟹同时代出现的动物或者进化，或者灭绝，唯独马蹄蟹至今依然保留着其最原始、最古老的相貌。正是因为如此，马蹄蟹便有了“活化石”的称号。重要的是，马蹄蟹这一古老生物有着极高的药用价值。

马蹄蟹

马蹄蟹的身体组成是以关节相连的三部分，即宽阔马蹄形的头胸部、比较小的且分节的腹部及一根长而尖的尾剑。马蹄蟹的头胸部上表面非常光滑、隆起，而在其侧面长有一对复眼，在中脊前端则生长着一对能够感受紫外线的单眼。在其头胸部的腹面有六对附肢，第一对附肢为螯肢，这对附肢是专门用来捕捉蠕虫、薄壳的软体动物与其他猎物的；而其他五对附肢则围绕于马蹄蟹的口周围，它们的功能是步行与进食，在每一个步足的基本节内侧都长有长刺，这样便可以将食物进行剥离，从而让食物滚入口中；最后一对步足基节的后面，长着一对退化的附肢，也被人们称为唇瓣。

在马蹄蟹的身上长着四只眼睛，在头胸甲的前端有0.5毫米的两只小眼睛，这两只小眼睛对紫外光十分敏感，通过这两只小眼睛可以感知亮度；在头胸甲两侧有一对大复眼，每一个眼睛都是由若干个小眼睛组成的。

每当到了春、夏季节，马蹄蟹到了繁殖时期。一旦雌雄马蹄蟹结为夫妻，它们便会形影不离。通常，肥大的雌马蹄蟹总是驮着瘦小的雄马蹄蟹蹒跚而行。这时，若是人们进行捕捉的话，捉到的就是一对。因此，马蹄蟹又被人们称为“海底鸳鸯”。

由于在马蹄蟹的血液中含有铜离子，所以，它的血液呈现出蓝色。从这种蓝色血液之中可以提取“鲎试剂”，这种试剂可以非常准确、快速地对人体内部组织进行检测，判断人体内部是否因细菌感染而患上疾病。马蹄蟹在制药与食品工业中时常被人们用来对毒素污染进行监测。还有一些科学研究者运用马蹄蟹的血液进行癌症方面的研究。不仅如此，马蹄蟹的壳、尾、卵、肉及血都可以入药。

马蹄蟹之所以能够经历几亿年的发展并能够持续繁衍不衰，不仅在于自身有着非常强的繁殖能力，还在于马蹄蟹的肉口感比较差，并且人类食用之后很容易会发生机体过敏与中毒性休克等症状。因此，一直以来，人们很少对其进行捕杀。

海洋活化石——鹦鹉螺

有着海洋活化石之称的鹦鹉螺，最早出现在距离现今5亿多年前。在古生物学中，头足纲中就有鹦鹉螺亚纲；生物学家又根据其壳的形状与体管内沉积物的特点、体管类型等特征将鹦鹉螺划分成四个超目，即内角石超目、直角石超目、鹦鹉螺超目与珠角石超目。

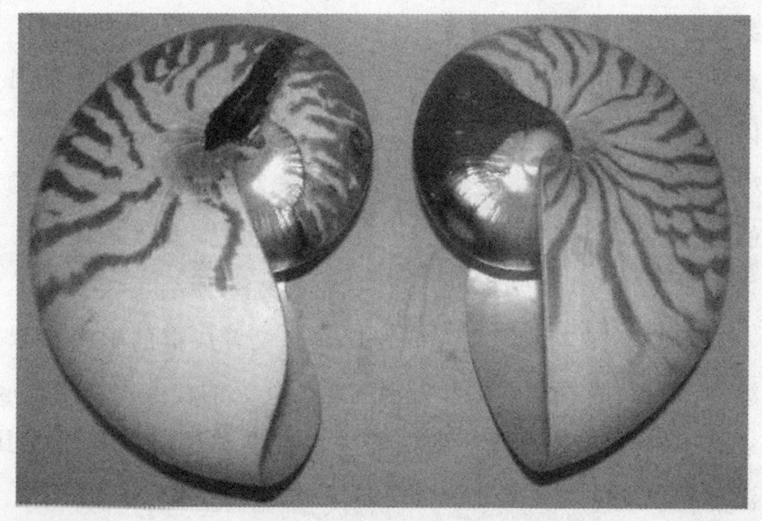

鹦鹉螺

鹦鹉螺在白天游行于水下，到了晚上便浮到浅海觅食。鹦鹉螺属于肉食性动物，其主要的食物来源是那些比较弱小的鱼类与软体动物。每当暴风雨过后的夜间，鹦鹉螺会成群结队地漂浮到海面上觅食，因此，它又被人们称为“优雅的漂浮者”。

鹦鹉螺属于海洋软体动物，总共有七种类型，生活于印度洋与太平洋海区，其壳薄且轻，呈现出的是螺旋形盘卷，其壳表面呈现出白色或乳白色，生长纹从壳的脐部辐射出去，十分平滑且细密，大都呈现出红褐色。它是现代的章鱼、乌贼的亲戚。鹦鹉螺的外壳构造很具特色，并且十分美丽。它的石灰质的外壳不仅大且厚，左右呈对称之势，中间沿着一个平面作背腹旋转，呈现出螺旋形。鹦鹉螺的壳由两层物质组成，外层是由磁质层，内层则是富有光泽的珍珠层。壳的内腔由隔层分为三十多个壳室，最后一个壳室的前边便是动物的藏身之处，这一最大的壳室是鹦鹉螺的“住室”，其他各壳室则是充满气体的气室。每一隔层的凹面都朝着壳口，在其中间位置有一个不是太大的圆孔，这个圆孔被体后引出的索状物穿过，从而实现彼此之间的联系。纵剖之后的鹦鹉螺犹如旋转的楼梯，又如一条百褶裙，其一个又一个的隔间则是从小到大顺势旋开，从而决定了鹦鹉螺的沉浮能力。科学家们正是通过这一构造才开启了潜艇的构想，世界上出现的第一艘蓄电池潜艇与第一艘核潜艇都因为这一原因而被命名为“鹦鹉螺”号。

对于生活在海洋表层之下几百米深的鹦鹉螺来说，其气体的量必须能够进行自如的调控，这样才能令它适应不同深度的压力。大家都知道，当海洋生物死亡之后，其身躯的内壳便会沉入海底，而外壳会一直漂泊于海上。但是人们发现，仅仅有成群的鹦鹉螺的空壳会随波逐流。一些数学研究者为鹦鹉螺的外壳的优美螺线深深吸引，甚至还有一些学者从鹦鹉螺的螺线中发现斐波那契数列暗含其中，而斐波那契数列的两项间比值更是与黄金分割数值十分接近。

鹦鹉螺分布在世界各个海洋之中，有着350多种分类，菊石、震旦角等都属于鹦鹉螺的祖先，当今人们发现的最大的鹦鹉螺化石来自奥陶纪地层中，其长度达到了10多米，相对于其同类的章鱼、鱿鱼、乌贼等海洋生物，鹦鹉螺在进化与发展的过程中，其外形都没有发生太大的变化，如今存在的鹦鹉螺仅有三种。鹦鹉螺自古以来发生的最大变化是其生活环境从最初的浅海移居到了200～400米的深海之中。因此，它也成为当今软体动物中最古老、最低等的种类，更是对生物进化、古生物与古气候的研究提供了非常重要的资料。

海中狼——鲨鱼

早在4亿多年前，地球之上便有了鲨鱼的身影。近一亿年以来，鲨鱼几乎没有发生任何的改变。鲨鱼是生活在海洋之中的一种庞然大物，由于身躯十分庞大，因此，人们将其称为“海中狼”。

在全球有超过400种鲨鱼存在，但是并不是所有的鲨鱼都会主动对人类发起攻击，只有30多种鲨鱼会主动向人类发起进攻。在这些主动向人类发起进攻的鲨鱼中，有7种有可能会导致人类死亡，还有27种因为其体型与习性的关系具有危险性。

虽然鲨鱼已经在地球上出现了4亿多年，但是其外形至今没有发生太大的改变。由此也可以说明，鲨鱼有着非常强的生存能力。自然界中的鲨鱼从来都不会患上癌症，曾经有美国科学研究者用有着极强致癌性的“黄曲霉素”污染的食物对鲨鱼喂养了八年时间，鲨鱼依然没有出现肿瘤。科学家们还发现，即使是将癌细胞注入鲨鱼体内形成初始肿瘤后，这些肿瘤也不会发展变大，相反，会不断萎缩直到消亡。

当科学家们发现鲨鱼不会患癌症之后，越来越多的人投入到对鲨鱼不患癌症的原因研究中去。科学家们对鲨鱼进行解剖后发现，在鲨鱼的体内并不存在硬骨结构，骨架系统全是由软骨构成，并且在软骨之中并不存在血管系统。之所以会这样，是因为鲨鱼的软肌中含有一种血管抑制因子，可以抑制新生血管的产生与发展。

既然鲨鱼软骨中的血管抑制因子可以有效地抑制新生血管的产生与发展，那么，在新生血管与肿瘤之间又存在着什么样的关系呢？对此，美国的佛克曼博士等人通过研究发现，若是一个肿瘤无法建立其自身的血管网，这种肿瘤便会在生长到1～32立方毫米时停止生长。若是能够阻止肿瘤的血管新生的话，由于肿瘤得不到养料与氧气，便不能进行排泄代谢产物，从而便可以令肿瘤不再长大。

尽管人类至今还不能完全对癌症的发生与发展机理给予掌握，但是，通过科学家们的研究证实，癌细胞确实可以分泌出一种物质，促使血管增生并聚集在肿瘤周围，从而为肿瘤自身提供营养与新陈代谢，还可以为癌细胞的转移与扩散提供通道。而鲨鱼可以有效地将肿瘤的营养供应渠道切断，最终使得肿瘤不断萎缩；由于肿瘤本身产生的大量废物无法排出，使得肿瘤不断坏死。在鲨鱼软骨的有效成分的帮助下，人体的血液循环便可以建立起免疫系统，对于已经发生转移与扩散的癌细胞进行有效的免疫，使其不会发展成为新的肿瘤。

运用鲨鱼软骨制品与传统的攻杀癌细胞的治疗方法相比，这种方法无疑开辟了一条全新独特的抗癌之门。因此，将鲨鱼称为“人类癌症的救星”是再恰当不过了。

海底刺客——海胆

海胆属于一种无脊椎的海洋动物，由于体形呈现圆球状，犹如一个个带刺的紫色仙人球，因此，人们将其称为“海中刺客”、“海底树球”、“龙宫刺猬”，一些渔民常将其称为“刺锅子”。在遥远的古生代与中生代时期，海胆已经有了很多种，当时所留下的海胆化石便达到了5000多种。世界现存的海胆大约有800种，我国沿海大约有100种，最为常见的海胆类型有大连紫海胆、马粪海胆、刻肋海胆与心形海胆等。海胆属于海洋中一种非常古老的生物，与海星、海参是近亲。据科学家们推断，海胆在地球上已经存在了上亿年。海胆在世界各大海洋中都生活过，最多的是生活在印度洋与太平洋。由于海胆比较喜欢含盐量较高的海域，因此，在与江河入海接近的地方和含盐量比较低的海水中是很少有海胆存在的。

海胆的身体上有着一层十分精致的硬壳，壳上布满了许多刺一样的东西，它的名为棘。这些棘都可以运动，它的功能便是保持海胆壳的清洁、运动及挖掘沙泥等。不过，海胆不能很快地让自己发生移动。海胆除了壳上有棘之外，还有一些管足从壳上的孔中伸出，这些管足所发挥的作用并不一样，一些管足是用来摄取食物的，一些管足则是用来感觉外界情况的。事实上，海胆的壳是由3000块小骨板组成的。种类不同的海胆，其大小也是不尽相同的，最小的海胆直径仅有5毫米，而最大的直径可以达到30厘米，并且不同的海胆所吃的食物也是不一样的，一些海胆以海藻与其他海洋小动物为生，一些海胆则以沉积到海底的脏东西为生。海胆以什么样的食源作为生存之本还与其所生活的环境有关，这也是因为海胆移动起来非常不便造成的。

海胆有雌雄之分，但仅通过外形是很难分辨出雌雄的。海胆的生殖过程相当有趣，它们总喜欢聚到一起，当一个海胆释放出卵子或精子时，其他的海胆像受到传染一般，也会释放出卵子或精子。由于海胆是棘皮动物门海胆纲的通称，它被分成了两个亚纲、十二目。海胆也是生物科学史上最早被人们使用到的模式生物，海胆的卵子与胚胎对人类早期发育生物学的发展起着十分重要的作用。

早在 18 世纪 70 年代，便有科学研究者开始以海胆为材料，对受精过程中的细胞核的作用进行研究。到了 19 世纪 90 年代，当科学家对显微镜下刚刚完成第一次卵裂的海胆胚胎时发现，分开之后的两个细胞各自形成了一个完整的幼虫。科学家的这一试验充分证明了胚胎有着调整发育的能力，这一结果对现代发育生物学奠定了第一块基石。

其实，海胆浑身上下都是宝。海胆黄（海胆的生殖腺）不仅味道鲜美，其营养价值也极高，每 100 克鲜海胆黄中所包含的蛋白含量便达到了 41 克、脂肪含量则达到了 32.7 克。而且海胆黄中还包含了维生素 A、维生素 D、各类氨基酸与磷、铁、钙等营养成分。海胆不仅可以生产加工成酒渍海胆、盐渍海胆，还可以被制作成冰鲜海胆、海胆酱及海胆罐头等多种食品。海胆在食用方面有着非常多的吃法，能够补充人体所需要诸多营养成分。

海胆不单单是一种极好的海鲜美味，更是一种十分贵重的中药材。我国古代便已有了有关于海胆药用的记载，明代后期的《本草原始》一书中就记载着海胆有治疗心痛的功效。近现代中医界也认为，海胆的性味咸平，能够起到软坚散结、化痰消肿的功效。在对胃溃疡、十二指肠溃疡与中耳炎的治疗方面，海胆的外壳、海胆刺、海胆黄等都可以发挥一定的药效。

虽然海胆有着极其丰富的营养价值，但是并不是所有种类的海胆都可以食用，有少数种类的海胆是含毒的，这些带毒的海胆看上去

要比无毒的海胆漂亮许多。比如，在南海珊瑚礁中生活的环刺海胆，这些环刺海胆的粗刺上带有黑白条纹，细刺呈现出黄色，幼小的环刺海胆的刺上带有白色与绿色的彩带，这些彩带可以闪闪发光，而在刺的尖端则生长着一个倒钩，一旦刺入到人体皮肤之内，其毒汁便会被注入人体之内，细刺也会折断到人体皮肉之内，造成人体皮肤发生局部红肿疼痛。

海参中的极品——梅花参

清朝，一位名叫赵学敏的学者在其编著的《本草纲目拾遗》中记载：《百草镜》中曾说过，在南海的泥涂中也有海参产出，这种海参色黄且有大刺，肉质较硬。当地人称其为海瓜皮，意为这种海参的皮非常粗韧。若是食用的话，可以达到健脾、滋阴的效果。赵学敏在书中所讲到的这种海参便是梅花参。

在海洋之中生长的海参有着很多种类，全球的海参大约有1100种，分布在各个海洋之中，生长于热带海洋的珊瑚堡礁与珊瑚泄湖带，其中体积最大的当属梅花参。梅花参的体长通常在60～70厘米之间，宽度大约10厘米，高度大约为8厘米，大型的梅花参可以长到1米，因此，梅花参有着“海参之王”的称号。梅花参通常生活在水深几米到几十米的海底，较重的梅花参有12～13千克。

梅花参

梅花参的外形呈长圆筒状，在其背面有着肥大的肉花刺，每3～11个肉刺的基部连接到一点，犹如梅花瓣，人们便根据这一特点将其命名为“梅花参”；又由于梅花参的外貌与凤梨非常相似，人们又将其称为“凤梨参”。

大多数的梅花参都生活在有着少量海草与礁石的海底，这些海洋生物将小生物作为食物。梅花参的色彩非常艳丽，在背部显现出美丽的橙黄色或橙红色，有时还掺杂着黄色与褐色的斑点；而在腹部则是红色，触手都呈现黄色。梅花参属于我国海南省特有的海珍，更是海南三亚的“三绝”之一。海参有着“海产八珍”之首的称号，特别是梅花参最为珍贵。由于梅花参对环境变化十分敏感，一旦受到刺激，比如海水污染、海水的密度与温度发生剧变，都会使得梅花参自身腐烂或自行将内脏吐出。梅花参排脏之后，若能在良好的水质条件下，它们的内脏便会再生。最为有趣的是，在梅花参的泄殖腔内存在一种与其共生的鱼。这种鱼如手指一样大，周身上下呈现出棕红色，头部比较大，身体不仅光滑还很细长，大约长20厘米。当这种鱼感到水质恶化时，便会从梅花参的体内伸出头来。因此，通过这种共生鱼可以观察梅花参对环境变化所发生的反应。

梅花参有着非常高的经济价值，不仅是一种滋补佳品，还可以有效地治疗癌症，并且可以在一定程度上预防衰老。由于梅花参中含有较高的蛋白质，其中的矿物质也非常丰富且不含胆固醇，因此，是一种十分理想的滋补之品。从中医的角度来看，梅花参性温，有着补肾益精、养血润燥的功效，可以用其治疗精血亏损、虚弱劳怯、阳痿等病症。不仅如此，梅花参对于产后、病后发生的体虚衰老、肺结核、神经衰弱等病症同样有着很大的功效，尤其适合老年人食用。

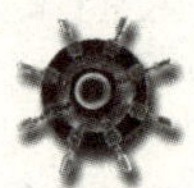 海洋生物提供的代血浆

从20世纪末期以来，由于有着“超级癌症”之称的艾滋病在世界范围内不断蔓延，而人体的血液已发展成为艾滋病传播的主要途径之一，因此，一些西方国家对使用人体血浆变得越来越小心谨慎。正是在这种社会背景下，从海洋生物提取代血浆越来越多地引起了人们的重视。

我国最早从海洋生物中提取到代血浆的是海军四零一医院，海军四零一医院的药剂师们通过多年的研究与试验，最终从一种海洋棘皮动物身上提取到了橙黄色的代血浆溶液，并成功地将这种代血浆运用到了临床实践中。而这种海洋棘皮生物之一便是海星。在广阔的海洋之中，有着大量的海星。一些海星的形状犹如五角星，另一些海星则长着许多细长的爪子，犹如太阳放射光芒的形状。在海洋之中，有着2000多种海星，大多数的海星在比较平静的海域生活。正是凭借地处海滨之城的优势，海军四零一医院展开了对“海洋血浆”的研究，并取得了理想的成果。当医院需要为患者进行外科手术，治疗大出血、烫伤、烧伤及其他外伤导致的休克等病症时，通过静脉注射“海盘代血浆”可以有效地维持血压或增加血液循环中的血溶量，从而达到输入人体血浆所起到的效果。

不仅海星可以提供人体所需的代血浆，褐藻中同样也可以提取到这种代血浆。褐藻在海洋中的种类也非常多，时为常见的褐藻为海带、裙带菜、鼠尾藻、羊栖菜、铜藻等海洋植物。这些海洋植物无论在工业，还是在食品与药品方面都有着十分重要的地位。从褐藻中提取代血浆的方法便是，往褐藻之中加入热碱水，这样就可以提

取到褐藻胶，之后再通过一系列的工序便可以提取到褐藻胶代血浆。在几年前，我国广西制药厂便已经进行了褐藻胶代血浆方面的生产。

褐藻植物

我国的医疗单位将从褐藻中提取到的代血浆称为低聚褐藻酸钠注射液，国内的一些医院在对伤员进行抢救时，曾将这种代血浆运用到临床之上。人们通过临床实践得出结论：这种褐藻胶代血浆不会在人体内积蓄，不会对内脏器官产生影响，可以有效地使循环系统变得更加充实，尤其是可以加快人体内毒素的排出。由于褐藻胶代血浆的升压效果非常明显，因此，可以用其防止血液浓缩且能够加速组织胺的排除。

事实上，生产制造褐藻胶代血浆所需要的设备并不复杂，若是取得了合格的原料之后，普通的药液生产单位便可以进行配制。因此，不管是生活在海洋之中的海星，还是褐藻等海洋植物，都可以为人类提供足够多的代血浆，从而成为海洋提供给人类的非常可观的资源。

高蛋白质海洋生物——磷虾

在海洋之中有数量极大的磷虾，它是诸多鱼类与须鲸的重要饵料，更是渔业的捕捞对象。在南极附近有着大量的磷虾，其蕴藏量为几亿吨甚至数十亿吨。人们将磷虾称为海洋赋予人类的未来食品库，如今，磷虾的年产量达到50多万吨。由于海洋磷虾具有非常明显的集群性，它们是形成声散射层的主要海洋浮游动物，因此，在科学家们对海洋水声物理学进行研究的过程中，十分注重对磷虾的研究。

海洋磷虾是蛋白质含量最高的海洋生物，是无脊椎动物、节肢动物门，属于软甲纲、磷虾目，更是磷虾科动物的统称。在世界所有的海洋之中，磷虾的种类大约有80种。磷虾的外形犹如小虾，长度大约在1到2厘米之间，最大的磷虾长度也不过5厘米。磷虾的身体呈透明状，虽然头胸甲与整个头胸部愈合，但是不伸向腹面，从而不会形成鳃腔。磷虾的鳃裸露且直接浸在水中。磷虾的腹部为六节，在其身体的末端有着一个尾节。磷虾有八对胸肢，都是双肢型，在其基部各长有鳃，比较适合于在海洋之中游泳。由于磷虾的数量极大、有着丰富的营养，因此，生态科学家们将其称之为人类潜在的食物来源，特别是它们可以为人体提供大量的维生素A。

由于在南极附近的海洋之中存在着一股环绕南极大陆的寒流，这股寒流在朝北流去时却会出现下沉；从太平洋、大西洋及印度洋而来的暖流在朝南流去时，又形成上升流，由于这股上升流中含有大量极为丰富的营养物质，再加上水温比较适度，从而令众多微生物得到了大量的繁殖，为磷虾的栖息与摄食提供了极其有利的环境，

这也导致了南极磷虾的生活周期与南极附近的海洋的季节相适应。

在南极附近分布着非常丰富的磷虾资源，它们大多生活在距离南极大陆不是太远的海洋中，特别是威德尔海的磷虾最为密集。在那里，人们发现一个非常有趣的现象：磷虾有时会集体洄游，并形成长度与宽度几百米的大队，使得每立方米的水中可以有 3 万多只磷虾，进而令海水在白天呈现出一片浅褐色，而到了夜里海水又会变成一片荧光色。

不可否认，磷虾的种类确实非常丰富，它也是未来人类潜在的食物资源。但是，越来越多的国家展开了从海洋之中大量捕捞磷虾的活动，若是磷虾捕捞业不断扩大，最终的结果便会给南极鲸类的生存带来极大的威胁，导致这些鲸类因为饥饿而死亡；不仅如此，无限度的捕捞同样会给南极的生态环境带来极大的损害，令南极脆弱的生态系统面临极大的灾难。因此，人们在对磷虾进行开发与利用的同时，一定要将保护南极生态平衡放在首位，这样才能让磷虾真正发挥出未来潜在食物来源的功效。

海洋的心血管救星——鱼油

鱼油是鱼体内所有油类物质的总称，包含了体油、肝油及脑油，它们是将鱼与其废弃物通过蒸、压榨与分离而提取到的。在鱼油之中包含了磷甘油醚、甘油三酯、类脂、脂溶性维生素与蛋白质降解物等。在海洋之中生活的鱼类并没有被检测出来含有带有毒性的汞、砷及铅，即使是鱼体内所包含的钾、铜、铝及镉等物质也是比食品卫生允许的标准低，尤其是海洋鱼类的农药残留量几乎为零，因此，运用鱼与其废弃物加工所得的鱼油的质量是非常可靠的。

鱼油之中包含大量磷脂，无论是脑、神经组织、骨髓还是心、肝、卵及脾都不缺少磷脂，而且有助于脂的消化与吸收、转运与形成，还是生物膜非常重要的结构物质；再者，鱼油不仅可以提供动物必需的长链多聚不饱和脂肪酸外，还可以被当作维生素A、维生素D及类胡萝卜素等的载体，从而促使这些元素以脂溶性的物质进行吸收与利用，动物如果缺乏这种脂肪酸，便会导致生长停滞、繁殖能力下降、皮下水肿出血与体色暗淡等疾病。尤其是它能够增加人们每日进食中的n-3多不饱和脂肪酸的含量，这种脂肪酸可以有效地降低前列腺素，进而提升人体的抗体水平，在减少抗生素用量的同时，还可以达到防病与治病的目的。

来自于海洋深处的鱼类体内含有大量的不饱和脂肪，普通的鱼类体内包含的二十碳五烯酸（EPA）与二十二碳六烯酸（DHA）的数量是非常小的，而生活在寒冷地区深海中的鱼类，比如三文鱼、沙丁鱼等鱼类体内所包含的二十碳五烯酸与二十二碳六烯酸的含量极高，但在陆地其他动物的体内是几乎不存在的。所以，人们只能从

深海鱼类身上来提取二十碳五烯酸与二十二碳六烯酸。

从深海鱼类体内提取的二十碳五烯酸与二十二碳六烯酸具有调节血脂、防止血液凝固、预防血小板凝集的作用；这些烯酸能够预防关节炎，让痛风、哮喘得到缓解，还能够暂时缓解因关节炎而引起的肿痛；能够对老年痴呆症进行预防，实现营养大脑与改善记忆的作用；能够令视力得到改善，并且防治老花眼；还能够有效降低血脂、清理血栓，进而提高人们的记忆力。因此，从深海鱼类体内提取的鱼油可以被用到血栓、脑出血或中风的患者身上，还可用于患有高血压、高血脂、高胆固醇、视力衰退、老花眼、心脏病、动脉硬化、关节炎、痛风、哮喘等疾病的人群。

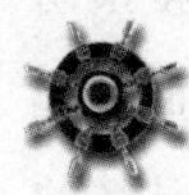

替人类打捞海底沉物的海狮

在海洋之中生活着一种面部犹如狮子一样的海洋动物，它便是海狮。海狮之所以能够在海洋之中生活，靠的是鱼、蚌、乌贼、海蜇等食物源。海狮在海洋之中并没有固定的栖息地，每天都必须为寻找食物而四处漂游。一旦到了繁殖的季节，海狮便会选择一块固定的海域，展开一场激烈的配偶争斗，最终取得胜利的雄性海狮会占有许多雌性海狮，当雌性海狮怀孕一年之后，便可以产下一只海狮幼仔。

海狮

在海狮的种类中，体型最大的是北海狮，又被人们称为北太平洋海狮，这种海狮的颈部生有鬃尖的长毛，并且其叫声也与狮子十分

相似，因此而得名。雄海狮与雌海狮的体型存在着很大的差异，雄海狮的体长约 3 米，体重通常超过 450 千克；而雌海狮的体长通常超过 2 米，体重为两三百千克。

大多数北海狮都成群地活动，最多的时候可以达到成千头的大群体，人们也时常可以在海上发现一头或几十头的小群体。成群的北海狮通常生活在饵料丰富的地区。每天白天，北海狮都会到海中捕食、游泳及潜水，只是会偶尔到海岸上晒晒太阳；到了夜里，海狮们便会回到岸上睡觉。海狮属于海洋中的食肉类动物中的猛兽，最多可以潜入到 270 米的海底。

由于海狮是一种非常聪明的海兽，通过人工驯养之后，可以为人们表演顶球、倒立行走与跳越距水面 1.5 米高的绳索等技艺。而海狮的胡子比耳朵还要灵敏，通常胡子可以辨别出几十海里外的声音。它能够给人类带来最大的利益当属它们可以潜入到海底，帮助人们打捞沉入海中的物品。

自古以来，人们都知道，一旦有物品沉入到海洋之中，便意味着有去无回。不过，在当今这个科学技术十分发达的社会，一些试验材料非常宝贵，在沉入到海底之后，必须要将它们找回来。比如，从太空返回到地球后溅落到海洋之中的人造卫星，科学家们为了试验朝预定海域发射的溅落物等。这些沉入到海洋之中的物品是一定要找回来的。当它们所在的深度超出了一定的限度之后，潜水员便无法到达。这时，人们便可以借助于有着极高潜水本领的海狮进行打捞。美国某特种部队曾训练出了一种能够帮助部队快速打捞海底沉物的海狮，这种海狮可以在一分钟之内将沉入到海底的火箭捞出来。当海狮将海底的火箭捞出来后，人们只需要喂给它一点乌贼与鱼作为报酬。

由此可见，通过一定的方法对海狮加以训练，便可以让它们成功地将沉入海底的物品打捞上岸，帮助人们解决物品沉入海底一去不复返的难题，这不得不说是海洋赋予人类的又一大可用资源。

让章鱼充当打捞工

章鱼又被人们称为八爪鱼、石居、石吸、坐蛸、死牛、望潮，它们属于海洋之中的软体动物门、头足纲、八腕目。章鱼的身体上长有八个腕足，在腕足上又长着许多吸盘；当发生危险的时候，章鱼会喷出黑色的墨汁，帮助自己逃生。还有一些章鱼有着相当发达的大脑，可以从镜子之中分辨出自己，还可以从科学研究者设计的迷宫之中逃出来。

由于章鱼十分喜好器皿，人们在捕捉章鱼的时候，时常带着瓦罐、瓶子等工具。渔民将各种各样的器皿拴上长绳沉入海底，等上几个小时，再将器皿提上来时，里面便会有章鱼了。然而，与器皿一起打捞上来的章鱼十分顽固，不会轻易从器皿中出来，只在当人们将少量的盐撒入器皿之中，才会将章鱼逼出来。

人们还依据章鱼喜好器皿的特性，利用章鱼打捞沉入海底的贵重器皿等，因此，章鱼充当了“水下打捞工”的角色。早在第一次世界大战期间，由于很多军舰与商船都将希腊的克里特岛海岸当作基地，很多运煤船在那里卸煤。时间久了，那个地方的海底的煤块堆积如山。当地的渔民们为了将那些沉入海底的煤块打捞上来，便利用起章鱼。由于章鱼有着极大的力气，每只腕足都有 240 个吸盘，直径仅有 6 毫米的一个吸盘便可以吸住 100 多克的物体。生活在水下的章鱼，若是没有瓦罐、贝壳等物品作为栖息地，它们便会自行建造房屋，将超过自身重五倍、十倍甚至二十倍的大石块进行拖动，以建造栖身之地。因此，想要打捞煤块的克里特人便通过章鱼的这些习性，让章鱼做起了“捞煤工”，并得到了很多煤块。

一艘装载着珍贵瓷器的运载船于19世纪初期在日本海沉没。在接下来的一百多年时间里，虽然人们非常清楚地记得那艘运载船沉没的地点，但是却无法潜入到那么深的地方将瓷器打捞上来。

某天，当几位渔民又一次驾船来到运载船的沉没地点时，他们突然想到一个可以将沉入海底的瓷器打捞上来的方法为什么不让章鱼帮助将沉入海底的瓷器捞上来呢？

有了这一想法之后，渔民们便捉了一些章鱼，给它们绑上很长的绳子，将它们沉入沉船附近的海域。当那些章鱼沉到海底，发现了各种各样的瓷器之后，便纷纷钻到瓷器之中。当渔民们认为时机到了之后，便非常小心地将绳子收了起来，而章鱼并没有从瓷器中爬出来。就这样，借助章鱼的力量，渔民们将沉船之上的宝贵瓷器一一打捞了上来。

某次，当人们从英吉利海峡打捞出一个容积为9升的大瓶子时，却发现在大瓶子之中藏着一条章鱼。人们十分惊奇地发现，被打捞上来的瓶子瓶口的直径不足5厘米，但是这只章鱼身体的宽度却超过30厘米。还有一次，当人们在距离法国马赛不太远的海底发现了一艘古希腊时期的沉船，货舱之中的双耳瓶与大型水罐之中几乎每个里面都有一条章鱼。

几千年以来，很多章鱼喜欢居住在这样的沉船之中。事实上，人们还发现，章鱼不仅仅只爱往瓶罐里钻，只要是容器类的物品，它们都喜欢将其当作自己的栖身之处。当失事的飞机沉入海底之后，章鱼会将汽油箱当作自己的栖身之处；有人从地中海打捞出的一个人头盖骨中发现了一条章鱼；人们还从沉入海底的船舱的一条裤子之中发现了一条章鱼。

在海洋中生活的章鱼，它们的食物来源主要是虾与蟹等甲壳类海洋动物。在获取食物来源的过程中，章鱼时常需要与龙虾拼个你死我活，为的便是能够争夺虾青素资源。虾青素是最强的抗氧化剂，更是保证肌红蛋白结构稳定且不被氧化的必要条件。那些熟透的虾、蟹及鱼等之所以会呈现出红色，是它们含有丰富的虾青素，而章鱼便是通过它得以生存的。这也使得章鱼有着极大的食用价值。由于章鱼有着非常肥厚的肉质，含有非常丰富的蛋白质、矿物质等营养元素，尤其是含有丰富的抗疲劳、抗衰老的重要保健因子——天然牛磺酸，因此，章鱼成为许多人喜爱的食物。此外，章鱼还具有补血益气、催乳生肌等功效，可用来预防气血虚弱、头昏体倦、产后乳汁不足。因此，章鱼不仅是帮助人们打捞海底器皿的优秀打捞工，还是人类优良食物的来源。

食用、观赏两用的海贝

在我国新石器时代的晚期，人们便将天然的海贝用作货币，以进行物物交换。因此，海贝也是我国早期的货币之一。而将海贝串到一起做成的饰品则代表着财富与地位。不仅我国古代的人用海贝作货币，印度洋、太平洋沿岸的印度、缅甸、孟加拉及泰国等国也是用海贝作为货币的。在现代词典之中，海贝是大海之中贝壳的统称，时常被人们用来当作装饰物或观赏物。

海贝属于海洋软体动物，在南沙群岛生活着250多种海贝。海贝不仅可以用来食用，还可以用来进行观赏。人们通常食用的海贝比较多的是篱凤螺、大马蹄螺及砗磲等。其中，篱凤螺有着非常可观的产量，主要分布于浅水礁滩之上，人们可以非常容易地得到，并将其制作成干品，其肉味与营养都属于上乘；大马蹄螺也被人们称为公螺，这种海贝分布比较广阔，比较容易进行打捞，有着极高的产量，尤其是其肉质肥厚、味道鲜美，也是一种重要的经济贝类；而有着“海贝之最”之称的当属砗磲，也被人们称为车磲，俗称为蚵、大蚵，这类海贝最大的犹如脸盆，重量可以达到几百斤。这种贝类体积越大，肉质越鲜美，尤其是其闭壳肌即蚵筋，更是海产食品中的极品。海贝除了具有极高的食用价值之外，还非常适合人们进行观赏。观赏贝是南沙群岛又一重要的土特产。观赏贝的品种也是非常繁多的，它们的形状各种各样，有着十分鲜艳的色泽和夺目的光彩，不仅可以供人们观赏，还可以将其制作成名贵的工艺品。尤其是著名的虎斑贝、唐冠螺、眼球贝、蜘蛛螺等海贝，都是海贝中的珍品。

有着强大吸附能力的鲍鱼

有着“海味之冠”称号的鲍鱼很早便是“海八珍”之一。欧洲人将鲍鱼视为一种活鲜食用，并赋予它“餐桌上的软黄金”的称号。在我国清朝，宫廷之中便出现了所谓“全鲍宴”。或许大多数人会认为鲍鱼属于海洋鱼类的一种，事实上，鲍鱼与鱼类没有任何关系，却与田螺有着极其密切的关系。据科学家考证，鲍鱼最初的时候被称为盾鱼，由于因鲍叔牙极爱吃盾鱼，因而被人们称为鲍鱼。有些鲍鱼的形状犹如人的耳朵，其螺旋部仅仅留下的痕迹占到全壳极小的一部分。在其壳的边缘处有着九个孔，海水可以从这里流进、排出，尤其是鲍鱼的呼吸、排泄与生育也是通过这九个孔完成。正是因为如此，人们又将鲍鱼称为九孔螺。

鲍鱼

鲍鱼的壳表面十分粗糙，有一些黑褐色的斑块，在其壳的内侧呈现青色、绿色、红色、蓝色等交相辉映的珍珠光泽。在鲍鱼壳的背侧有一排凸起，在软体部分有一个宽大扁平的肉足，呈现为扁椭圆形，颜色为黄白相交，最大的犹如茶碗，而小的犹如铜钱。鲍鱼便是依靠其粗大的肉足与平展的跖面吸附到岩石之上，并爬行于礁棚与穴洞之中的。鲍鱼的肉足有着十分惊人的附着力，一个壳长15厘米的鲍鱼，其肉足的吸着力可达到200千克，即使是狂风巨浪的袭击，都无法将鲍鱼掀起。因此，人们在对鲍鱼进行捕捉时，必须在其不防备的情况下进行，用铲将其铲下或掀翻，否则是不可能将鲍鱼取下来的。当人们捕捉到鲍鱼之后，将其去壳，再用盐腌上一段时间，最后煮熟去除内脏晒干，制成干品，其肉质十分鲜美，营养极为丰富。大家都知道，“鲍、参、翅、肚”都属于十分珍贵的海味，而鲍鱼排在海参、鱼翅、鱼肚之首。

鲍鱼是海洋贝类家族中生长比较缓慢的种类，从最初的受精卵开始，长到6～8厘米，需要用到1～4年，甚至更长的时间。我国的皱纹盘鲍需要将近三年的时间才能长到7厘米左右。鲍鱼的生长速度会随着年龄的增长而不断下降。在生长的过程中，鲍鱼的壳会留下类似树木年轮的生长纹，其生长纹的明显与否与其生活的环境季节及摄食饵料的种类存在着很大的关系。在鲍鱼生长比较快速的季节之中，其生长纹非常明显，纹间的距离也比较宽；而在生长速度比较缓慢的季节之中，其生长纹不明显，纹间的距离非常近。

鲍鱼之所以可以成为名贵的海珍品，是因为其肉质十分细嫩、鲜而不腻、有着极为丰富的营养价值，味道清中带浓。不仅如此，鲍鱼的肉中还含有某些物质，这些物质有着非常强的抑制癌细胞的作用。

鲍鱼的壳是一种十分著名的中药材，在中医学中被称为石决明，古书上又将其称为千里光，因为其有着明目的功效。鲍鱼的壳还有清热平肝、滋阴补阳的作用，可以用来治疗头晕眼花、高血压及发烧而导致的手足痉挛、抽搐及其他炎症等。

在全球大约有90种鲍鱼存在，这些鲍鱼分布于太平洋、大西洋及印度洋之中。我国渤海湾产的皱纹盘鲍有着非常大的数量，东南沿海产的杂色鲍的体积却非常小，西沙群岛产的半纹鲍与羊鲍都是非常有名的食用鲍。由于鲍鱼的天然产量非常少，因此，其市场价格非常高。

为了能够拥有更多的鲍鱼，全球出产鲍鱼的国家都在发展人工养殖技术，而我国早在20世纪70年代便培育出了杂色鲍苗，并取得了人工养殖的成功。由于鲍鱼比较喜欢生活在海水清澈、水流湍急、海藻丛生的岩礁海域，并且通过摄入海藻与浮游生物维生，20世纪80年代，人们在辽宁省鲍鱼人工育苗成功之后，开始了人工筏式养殖，并取得了极大的进展。

企鹅珠母贝的开发与利用

企鹅珠母贝属于海洋瓣鳃纲、异柱目、珍珠贝科，是生活在暖水性海域的贝类，主要分布于我国的广东、广西及海南等沿海地区，而在国外主要分布于日本沿海。由于这类海贝呈现出斜方形与企鹅形状，因此，人们将其称为企鹅珠母贝。企鹅珠母贝的两壳隆起得非常明显，前耳与后耳延伸且呈现出柄状，前耳比较短，后耳则比较长。企鹅珠母贝的左壳前耳下方长着一个比较大的足丝孔，其足丝成束状、粗而坚韧。企鹅珠母贝的壳表面呈现黑色，有着许许多多轮状生长线，并且披着细毛；而在企鹅珠母贝的壳内面呈现出的是银白色，其内部有着虹彩光泽，而其边缘则呈现出古铜色。雄企鹅珠母贝的生殖腺乳呈现出白色或者橘红色；而雌企鹅珠母贝呈现的是浅黄色。

企鹅珠母贝的繁殖规律为：当年龄达到一定时期后，雄企鹅珠母贝与雌企鹅珠母贝异体进行体外受精，生殖期需要 4～11 个月，受精之后的卵子的胚体能够在 27～28 摄氏度的水温下进行孵化，经过了 1～6 天时间的发育之后，便会变态成为幼体。幼体会在 17～22 天之内，经历壳顶幼体期、眼点幼体期、变态幼体期三个阶段的发育，最终进入幼贝期。

企鹅珠母贝通常生活在潮流畅通、有着极大透明度、存在岩礁、石砾、沙泥等底质的潮下带浅水区或港湾之内，它们通过足丝附于其他海洋物体之上。企鹅珠母贝属于杂食性生物，主要摄食海洋之中的小型浮游植物、海洋小型浮游动物幼体、细菌与有机碎屑。企鹅珠母贝会通过鳃纤毛运动造成水流，再通过鳃过滤水流中的悬浮

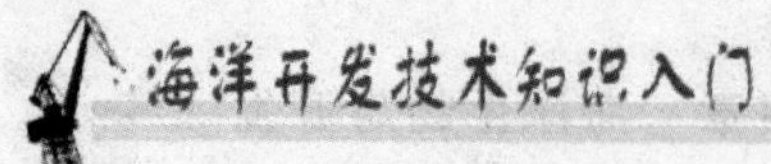

物质作为食物来源。

目前，人们对企鹅珠母贝的开发与利用主要是让其成为生产珍珠的大型母贝之一。人们在对企鹅珠母贝进行育珠的过程中，主要运用吊养与放养两种养殖方式，其中，吊养方式便是将幼贝放于网笼里，之后再将其垂吊于浮筏、浮绳、固定架或固定柱上进行养殖；而放养方式则是将幼贝直接散播到海底进行养殖。当幼贝经过了 3～4 年的养殖后，也就可以插核育珠了。通常情况下，插核的位置有三个：第一，将核插于腹嵴近末端位置，也被人们称为左袋；第二，将核插于缩足肌基部背面、围心腔及泄殖孔的附近，从而称为右袋；第三，将核插于唇瓣腹缘基部与泄殖孔之间，这种插核部位称为下足。

第五章　海洋能开发技术

海洋能不仅有十分丰富的储量，并且还具有巨大的发展潜力。如今，越来越多的国家开始对海洋能的开发投入极大的资本与精力，尤其是欧盟、美国、韩国、英国、俄罗斯及日本等国家都特别关注海洋能源的开发，一些国家甚至已经在十分重要的技术研究与装备制造方面取得了极大的成功。通过多年的发展，我国也在潮汐能、波流能、海流能等方面取得了先进的发展，并在技术方面得到了良好的进展，且拥有了一定的开发与利用规模，不断打造着一支较为稳定的技术研发大军。

海洋能的种类

在广袤无垠的大海之中，不单单有着极其丰富的矿产资源，更有着大量的海洋能。这些海洋能与海底所储存的煤类、石油、天然气等海底能源资源有着很大的不同，更不同于那些能够溶入海水之中的镁、铀及锂等化学资源。海洋能有着其十分独特的方式与形态，它们便是通过海洋发生的潮汐、海流、波浪、盐度差及温度差等方式所反映出来的动能、热能、势能及物理化学能等能量源。简单地说便是来自海洋的潮汐能、海流能、波浪能、盐度差能与海水温差能等能源。这些海洋能量不仅具有极强的再生性，也是永远都不会发生枯竭的，更不会给地球环境造成任何的污染。

首先要讲到的便是海洋发生潮汐现象所产生的潮汐能。潮汐运动时，会产生一种能量，这也是人类最早利用海洋动力所取得的资源。在我国唐朝时期，当时沿海地区的人们便开始利用潮汐运动来推动石磨。当人类进入 11 世纪之后，法国与英国等国家也相继出现了通过潮汐推动研磨工作的磨坊。潮汐能的应用到达高潮时期的是 20 世纪，那时候的人们便已懂得运用海水上涨与下落过程中所产生的潮差进行发电。如今，全球通过海洋潮汐能的发电量达到了 20 亿多千瓦时，每年可以发电的数量达到了 12400 万亿千瓦时。当今世界第一个、也是最大的一个通过潮汐发电的电厂是位于法国朗斯河河口的朗斯潮汐能发电站，这家发电厂的年供电量达到了 5.44 亿千瓦时。甚至有一些科学家断言：在未来世界之中，最为廉价也是最没有污染的能源就是永恒的潮汐。

海洋之中有着大量海流的存在，海流遍布于全球各大洋之中，它们呈现纵横交错、川流不息之势，因此，海流中蕴藏着的能量也是十分可观的。全球最大的暖流——墨西哥湾流在流经北欧时，每一厘米长的海岸线上提供的热量大约与燃烧600吨煤的热量相当。据科学家们推断，在全球存在的可利用的海流能大约为0.5亿千瓦。通过海流发电并不需要特别复杂的技术，因此，运用海流发电是有着极大的利益空间的。

在海洋之中，由于受到风的影响而导致海水沿水平方向做周期性的运动，在海水进行运动的过程中又会产生巨大的能量，这便是波浪能。海洋之中存在的波浪能是非常巨大的，一个巨大的波浪便可以将重量为13吨的岩石抛到高度为20米的地方，而一个波高5米、波长100米的海浪，其在1米长的波峰片上便可以产生3120千瓦的能量。据科学家们推断，全世界海洋的波浪能理论蕴藏量可以达到700亿千瓦，在这些波浪能中可以被开发与利用的能量便达到了20～30亿千瓦，而波浪能每年所产生的发电量可以达到9万亿千瓦时。

在江河与海洋的接口处，由于淡水与海水之间存在着很大的盐度差，这些盐度差同样可以形成盐度差能。在全球可以被利用的盐度差能大约为26亿千瓦，这一海洋能源远远超出了温差所产生的能量。事实上，利用盐度差能进行发电的工作原理是利用浓溶液扩散到稀溶液中释放出的能量。

海水属于一种热容量极大的物质，海洋有着十分巨大的体积，因此，在海水中所容纳的热量也是十分巨大的，这些海洋热量主要为来自太阳的辐射与地球内部向海水中释放出的热量、海水中放射性物质所放出的热量、海流的摩擦与产生的热量及其他天体的辐射能。大多数的海洋热量都来自于太阳辐射。由于海洋之中有着巨大的热量，有一些科学研究者便产生了将温度的差异作为海洋温差能源的想法，这便是海洋温差能，又被人们称为海洋热能。通过某些技术，

可以将海洋的热能转变成电能。据推断，海洋中所具有的热能可以转换为的电能为20亿千瓦。

通过上面的描述，人们不难看出，在海洋之中蕴藏着巨大的能量，只要海水永远不枯竭，海洋中的能量也会永远不会消失。

潮汐是如何形成的

在万有引力与天体运动的作用下，产生了潮汐现象。潮汐也是海水周期性涨与落的现象。由于白天被称为“朝”、夜间被称为“夕”，因此，人们将白天出现的海水涨落现象称为“潮”，而将发生于夜间的海水涨落现象称为“汐”。在很早的时候，人们并不了解造成潮汐的原因。随着人类不断发展，便有一些细心的人发现，一定周期内，每天发生潮汐的时间都会推迟一会儿，而这一推迟的时间与月亮每天升降推迟的时间是一致的，这一发现令人们想象到了潮汐与月球一定存在某种必然的关系。因此，在我国古代的地理著作《山海经》中便提到了潮汐与月球之间存在的关系；到了东汉时期，王充在自己编著的《论衡》书中，则更加明确地指出：“涛之起也，随月升衰。”不过，一直到牛顿发现万有引力定律之后，著名的科学家拉普拉斯才从数学的角度证明了潮汐现象是太阳与月球的引力造成的。

通过牛顿万有引力定律，人们不难发现：两个物质的大小与其质量的乘积成正比，而与它们之间的距离的平方成反比。虽然太阳对地球所产生的引力比月球对地球产生的引力大出许多，但是太阳所导致的潮力却不足月球产生潮力的一半。为什么会出现这样的现象呢？科学家们就这一问题进行研究之后发现，虽然导致海水涨落的原因是受太阳与月球的引力作用，但它受的不是太阳与月球的绝对引力，而是被吸引物质受到的引力与地心所受到的引力之差。因此，引潮力与引潮天体的质量是呈现正比的，它与该天体到地球的距离的平方又成反比。由于太阳的质量是月球质量的 28 万多倍，而太阳到地球之间的平均距离约是月球到地球之间平均距离的 390 倍，因

此，月球的引潮力是太阳引潮力的两倍多。由此可知，潮汐主要是由月球引起的。

潮汐

虽然太阳的引潮力不是太大，但是它可以对潮汐的大小产生重要的影响。有些时候，太阳会与月球形成合力，起到相得益彰的效果；有些时候，太阳又会与月球形成斥力，发挥出相互牵制抵消的效果。每当到了新月或满月时，由于太阳与月球在同一方向或相反方向施加引力，从而产生高潮；而到了上弦月或下弦月时期，月球的引力作用便会与太阳的引力作用相对抗，从而产生低潮，低潮的周期大约为半个月。若是从一年的时间来看，同样会存在两次高潮与低潮。每当到了春分与秋分时期，若是此时的地球、月球及太阳三者之间几乎位于同一平面上时，引力便会比其他各月都大，从而形成了春、秋两次高潮。

除了这些之外，潮汐还与月球及太阳距离地球的距离有关。由于月球所围绕的公转轨道是椭圆形，大约每二十八天便会靠近与远离地球一次，而其形成近地潮则要比远地潮大出39%，当近地潮与高潮发生重合时，所发生的潮差便会特别大；相反，若是远地潮与低潮发生重合，所形成的潮差便会特别小。同样，地球围绕着太阳所运行的公转轨道也是呈现出椭圆形的，每当到了距离太阳最近的点时，太阳的引力便会非常大，潮汐便会很强；而每当到了距离太阳最远的位置时，太阳的引力便会最小，潮汐便非常弱。

由于受到月球引力的影响，在地球之上不仅会发生海潮，还会发生大气潮。只是月球所引起的地球大气潮远远没有海潮这样大的气势，再加上人们身在其中，很难发现地球上出现的大气潮。

不仅如此，月球的引潮力还会导致地球的本身即地表产生潮汐，这便是固体潮。只是固体潮能够导致地表发生的起伏非常微小，只有通过精密的仪器才能观测出来。在地球的内部有着一部分液态的存在，因此，引力潮同样会导致地球内部发生潮汐，这也是地壳腹背潮汐涌动导致地震发生的原因。

如何进行潮汐分类与时间的推算

到过海边的人都会发现这样的现象：海水具有一种周期性的涨落。每当到了一定的时间后，海水便会快速上涨，最终出现高潮；当一段时间过后，快速上涨的海水又会自行退下去，留下的是一片的沙滩，并出现低潮。海水就是这样的循环重复、永不停息的，这种海水的运动现象便是潮汐。

通过长时间地观察潮汐现象，人们对潮汐现象发生的真正原因有了更深的认识。尤其是当英国科学家牛顿提出了万有引力定律之后，人们明白了潮汐是由于月亮与太阳对海水产生的引力而导致的。由于潮汐与人类有着十分密切的关系，在海洋发生的各种现象之中，潮汐是最先引起人们关注的海水运动的现象。无论是航运交通，渔、盐及水产业，还是海港工程与军事活动，都与潮汐现象有着密不可分的关系。而永远不会休止的海面垂直涨落运动，其中则蕴含着十分巨大的能量。

完整的潮汐科学之中包含的研究对象不仅仅有地潮、海潮，还有气潮，这二种类型的潮汐应当作为一个统一的整体。然而，海潮发生的现象极为明显，并且这种潮汐现象与人们的日常生活、经济活动及交通运输等方面都有十分密切的关系。因此，人们总是习惯认为潮汐便是指海洋发生的潮汐。事实上，即使是固体的地球，也会在太阳与月球的引潮力的作用下发生逆性形变，即固体潮汐，也可以称为固体潮或地潮；而海水因为受到了太阳与月球的引力的作用，发生了海面周期性的升降、涨落及进退，这便是海洋潮汐，简单来说便是海潮。不仅如此，大气中所包含的气压场、大气风场、地球的磁场等因素同样会受到太阳与月球引潮力的作用，从而出现周期性的变化，这便是大气潮汐，简称气潮。

因为海洋、地球、大气中的气压场与大气风场及地球磁场等因素受到太阳引力的作用，所以被称为太阳潮，而受到月球引力的作用时便被称之为月球潮。按照潮汐周期进行划分，又可以将潮汐分成半日潮型、全日潮型及混合潮型三种。其中，半日潮型是指在一个太阳日内会发生两次高潮与两次低潮，第一次出现高潮与低潮之间的差与第二次出现高潮与低潮的差基本相同，两次涨潮的过程与落潮的过程所用的时间也是大致相等的。全日潮型是指在一个太阳日内只会发现一次高潮与一次低潮。混合潮型是指在一个月内某些时候会发生两次高潮与两次低潮，只是两次高潮与低潮的潮差之间存在很大的差异，两次涨潮的过程与落潮的过程所需要的时间也不是相同的。除此之外，一个月内的某些日子会出现一次高潮与一次低潮。

大家都知道，太阳与月球与潮汐现象的发生有着密切的关系，而我国的农历也与潮汐存在对应的关系。无论哪种潮汐类型，在农历计法的每个月的初一、十五之后的两三天之内，都会发生一次潮差最大的大潮，这时的潮水便会涨得最高且落得最低。在农历每个月的初一，也就是朔点时刻，太阳与月球会位于地球的同一侧，这时便会产生最大的引力，从而导致大潮的发生。同样，在农历每个月的十五前后，太阳与月球又会位于地球的同一侧，此时的太阳与月球的引力也会导致大潮的出现。不过，在月相为上弦与下弦时，也就是农历每个月的初七、二十二之后的两三天之内，由于太阳的引力与月球的引力相互抵消了一些，这时又会各出现一次潮差最小的小潮，那时的潮水涨得并不是太高，而其潮水落得也不会太低。

其实，海洋每天都会有涨潮事件的发生。潮汐之所以会在每一天出现，是因为月球每天朝东移动 13 度多，也就是 50 分钟左右，因此，每天涨潮的时间也会推迟 50 分钟左右。

人们几千年以来总结出来了很多计算潮汐的时刻的方法，比如，运用八分法计算潮汐时间。这一计算方法所用的公式是：高潮时间＝0.8 小时×（农历日期－1）＋高潮间隙，或者可以用高潮时间＝0.8 小时×（农历日期－16）＋高潮间隙。运用八分法计算可以得出一天之内的一个高潮时间；而对于正规的半日潮海域，可以将其数值加、减 12 小时 25 分钟，抑或为了更加方便地计算，可以加、减 12 小时 24 分钟，这样便可以计算出另外一个高潮时间。如果将其数值加、减 6 小时 12 分钟，又可以计算出低潮出现的低潮时间。不过，需要人们注意的是，由于月球与太阳的运动是非常复杂的，有可能令大潮推迟一天或几天的时间，而一个太阳日间发生的高潮也会落后于月球上中天或下中天时刻的一个小时或几个小时。因此，每天所出现的涨潮、退潮时间都是不尽相同的，涨潮与退潮之间的间隔也是不一样的。

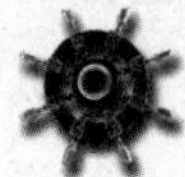

高潮线、低潮线、潮间带

当海洋发生涨潮时所出现的水位线被人们称为高潮线，潮退后的水位线被人们称为低潮线，而位于大潮的高潮线到大潮的低潮线之间的区域被称为潮间带。那么，这三种水位的潮线又是什么样的？以下便是对这三种涨潮时发生的水位线的描述：

当海洋发生潮汐时，水位涨到最高，此时的海水水面与海岸陆地相接的界线便是高潮线。高潮线在不同的海域、不同的时间不是完全一致的，只有通过专业的测定与计算，才能得出高潮线的平均值。

在海洋落潮的过程中，随着海面的不断降落，一直到停潮时的海面与陆地相吻合的线便是低潮线，这是一个相对于高潮线的概念。

从海水涨到最高时所淹没的地方开始，一直到潮水退到最低时露出水面之间的范围便是潮间带。在潮间带之上，海浪可以到达的海岸为潮上带；而在潮间带的下方，朝海延伸到大约为 30 米深的地带则被称之为亚潮带。

每当潮汐退去之后，在低潮线之上便会出现积水的小水池，这个小水池被称为“潮池”。那些存在于潮池中的生物，必须要有足够的能力来忍受温差与含氧量的极大变化。潮池中的环境变化非常大，时而十分干燥时而又变得非常潮湿，海水的温度也会时高时低，其中所含的盐量也会发生极大的变化。

依据潮汐的活动特点，人们又将潮间带分为三个区：高潮区、中潮区、低潮区。高潮区又被称为上区，这一区域位于潮间带的最上部，其上界为大潮的高潮线，下界则是小潮的高潮线。高潮区被海水淹没的次数很少且时间短，只有发生大潮时才会被海水淹没。中

潮区又被称为中区，在潮间带中所占到的面积最大，其上界为小潮的高潮线，下界为小潮的低潮线，它属于非常典型的潮间带地区。低潮区又被称为下区，其上界为小潮的低潮线，下界为大潮的低潮线。通常情况下，低潮区都浸于水中，只有在大潮出现落潮之后才能被看到。

不过，因为海洋所拥有的地形存在差异，潮间带的垂直长度也从几米到几百米不等。虽然潮间带在全球海洋面积有着非常少的部分，但是在其中却有着多种不同类型的生物存在，这使得其与人类的关系变得十分密切。

何为天文大潮与天文小潮

在潮汐发生的过程中，有时会出现大潮，有时则会出现小潮，这使得潮汐有着大潮与小潮之分。大潮时常出现于农历朔、望之后的一两天之内，由于月球所引起的太阴潮与太阳所引起的太阳潮相合，从而导致大潮的发生；而到了上弦月与下弦月之后的一两天之内，此时的太阴潮与太阳潮相消，会引发小潮。若是从全世界的范围来看，潮汐的现象事实上便是一种海水波动的形式，海水不仅会发生垂直升降的现象，同样也会发生水平流动的现象。

天文大潮

天文潮属于一种正常的天文潮汐现象，在其到来之前，人们便可以通过预测得出。大多数的情况下，天文潮是不会给地球带来任何灾难的。不过，它却会在某些比较特殊的环境下形成水害。比如，若是天文大潮期间出现了台风或即将出现台风登陆时，便会引发风暴潮。这里所说的风暴潮是指发生在沿海一带的海洋灾害。造成这一灾难的原因是强风或气压发生骤变等强烈的天气系统，这些天气系统由于对海面产生了作用，导致了水位急剧升降，进而给沿海地区带来一定的危害。这种风暴潮位于海洋灾害之首位，大多数因强风暴导致的特大海岸灾难都是因为风暴潮所造成的。

在天文潮发生、江河的水位较低的情况下，由于海潮上溯的范围扩大，会导致危害程度加重，最终引发咸潮的出现。咸潮属于自然现象之一，导致咸潮发生的原因是太阳与月球对地表海水的吸引力的作用，它又被人们称为咸潮上溯、盐水入侵。一旦淡水河中的水量不足，海水便会出现倒灌，发生这种现象便会导致咸淡水混合，从而造成上游河道水体变咸，最终形成咸潮。通常情况下，咸潮会出现于冬季或比较干旱的季节。咸潮会受到天气变化或涨潮、退潮的影响，特别是当天文大潮发生时，咸潮上溯的情况会变得更加严重。此外，由于全球气候不断变暖，导致了海平面不断上升，这样的局面又导致了咸潮逐渐增加，时间久了便会出现十分明显的变化。

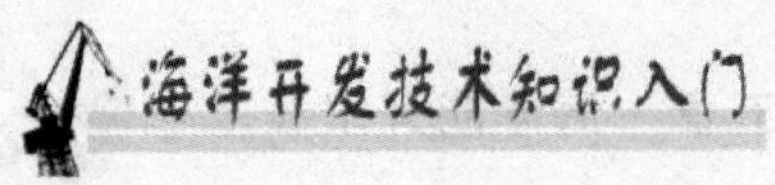

利用潮汐发电

通常所说的潮汐属于一种全球性的、发生于海平面的、周期性的变化现象，由于受到太阳与月球两个引力源的作用，使得海平面每天都会发生两次涨落。这种自然现象不仅为人类的航海、晒盐及捕捞提供了诸多方便，更为人类带来了巨大的电能。

由于受到太阳与月球两个引力源的作用，导致了海水不断地出现涨潮、落潮的现象。当涨潮时，会有大量的海水澎湃无比地涌来，其中存在着巨大的动能；与此同时，随着海水的水位不断上升，动能会不断转化成势能。而到了落潮时，海水又会以奔腾之势回归，此时的海水水位便会不断下降，此时的势能又会转变成动能。在潮汐发生的过程中，海水在运动时所产生的动能与势能统称为潮汐能，利用海洋这种自然的潮汐能可以进行发电。

利用潮汐产生的动能发电，就是在海湾或会出现潮汐的河口建筑一座拦水堤坝并形成水库；之后再在大坝中或坝旁放置水轮发电机组，这样便可以通过潮水涨落、海水水位的上升与下降，令通过水轮机的海水带动发电机组发电。从能量的方面分析，潮汐发电便是将海水的势能与动能经过水轮发电机转化为电能。若想建成潮汐发电站，首先要做的工作便是对潮汐能进行普查计算，选出适合建立潮汐电站的站址，再对所选定的地址计算其可开发的发电装机容量，将两者加到一起，便可以算出大概的资源量。

刚刚进入 20 世纪，欧洲与美洲的一些国家便开始研究潮汐发电。德国于 1913 年在北海海岸建立了第一座潮汐发电站；到了 1967 年，世界上第一座有着商业实用价值的潮汐电站在法国西部的朗斯河口

建立，这便是著名的朗斯电站。在郎斯河口出现的最大潮差为13.4米，平均潮差为8米。在朗斯河上，有着一道700米长的大坝横跨而过。在这条大坝上可以通行车辆，在大坝的下方设置了船闸、泄水闸及发电机房。在郎斯潮汐电站的机房里，安装了24台双向涡轮发电机，这24台双向涡轮发电机不管是遇到涨潮还是落潮都可以进行发电。朗斯潮汐电站的总装机容量为24万千瓦，每年可以发电的电量为5亿多千瓦时，这些通过潮汐发出的电可以直接输入到国家电网。

法国的朗斯潮汐能发电站

苏联于1968年在摩尔曼斯克附近的基斯拉雅湾建造了一座8千瓦的试验潮汐电站。加拿大于1980年在北部的芬迪湾兴建了一座2万千瓦的中间试验潮汐电站。不管是建立试验电站，还是建立中间试电站，都是为了能够建造出更大的实用电站而做的准备。

我国有着很长的大陆海岸线和许许多多的岛屿，从最北端的鸭绿江口到南端的北仑河口，大陆海岸线长达1.8万多千米，再加上我国境内有5000多个岛屿的海岸线长达1.4万多千米，使得我国海岸线总长度达到了3.2万多千米，所以，在我国，潮汐能的资源是十分丰富的。据不完全统计，我国国内潮汐能的蕴藏量为1.9亿千瓦，每年可以实现的发电量达到2750万千瓦时，而可供开发的大约占到了3850万千瓦，每年可以达到的发电量为870亿千瓦时。我国于1957年在山东建立了国内第一座潮汐发电站，山东乳山市白沙口建成的潮汐发电站于1978年8月1日正式投入发电，每年的发电量达到了230万千瓦时；到了1980年8月4日，我国第一座单库双向式潮汐发电站，即江厦潮汐试验电站开始正式发电，这座试验电站的装机容量超过了3000千瓦，每年平均的发电量达到了1070万千瓦时，规模仅仅在法国朗斯潮汐电站之后，成为当时全球第二大潮汐发电站。

在现实社会之中，常规的电站存在着激烈的廉价电费竞争，这也导致了建成投产的商业用潮汐电站并不是太多。不过，因为潮汐能有着巨大的潜力，再加上运用潮汐发电存在很多优势，使得人们越来越多地重视潮汐发电的研究与试验。经过海洋学家的调查研究发现，在全球适合建造潮汐发电站的最佳位置有二十多处，主要有美国的阿拉斯加州的库克湾、英国赛文河口、加拿大的芬迪湾、澳大利亚的达尔文港、阿根廷的圣约瑟湾、韩国的仁川湾及印度的坎贝河口等地。在当今社会科技不断发展的背景下，潮汐发电的成本也在不断地降低，尤其进入到21世纪以来，将会有更多的现代大型潮汐电站建成且投入使用。

利用潮汐发电是一项有着巨大潜力的产业，通过人们长时间的实践，这项能够为人类带来无限光明的产业在工作原理与总体构造上已经取得了一定的规模，可以投入大规模的开发与利用。

波浪是如何形成的

海洋中出现的波浪便是海水质点在其平均位置附近发生的一种周期性的震动运动与能量的传播。在波形的支持下，波浪运动着朝前传播。在波浪不断传播的过程中，水质点并没有真正地随波而前进，这也是波浪运动的实质。那么，是什么原因导致波浪的形成呢？波浪又是如何形成的呢？

在海风的作用下，再加上气压的不断变化，海水从原本所在的平衡位置脱离，进而发生朝上、朝下、朝前与朝后方向的运动，从而形成了海上的波浪。在海风与气压变化的作用下，波浪呈现出来的是一种有规律的周期性的起伏运动。每当波浪汹涌澎湃地涌到海岸边上时，海水的深度变得越来越浅，下层水的上下运动便受到了阻碍，因为物体惯性的影响，使得波浪出现越涌越多、一浪叠一浪、一浪高过一浪的现象。不仅如此，由于海水的深度不断变浅，使得下层水的运动所受到的阻力也变得越来越大，直到运动速度远远低于上层水的运动速度。由于惯性的影响，使得波浪的最高处出现了向前倾倒的情况，最终摔到海滩上并形成了飞溅的浪花。

当出现比较大的风时，便会导致暴风浪的出现，这种暴风浪有着十分特殊的重要性。暴风浪在一天的时间里可以产生巨大的作用，远远比普通的波浪在数周相对平静的天气中的作用更加明显。当发生暴风浪时，大多数都会带来破坏性的后果。因为暴风频繁出现，使得在最短的时间内一浪紧接着一浪，其频率为每分钟 12～14 次。当暴风浪发生破碎时，海水几乎以垂直的方式冲击下来，即出现冲击碎浪。这些有着破坏性的暴风波浪则更加倾向于“梳”下海滩，能够将物质不断移动到海中，每分钟有 6 到 8 次比较缓和的波浪，再加上其上爬浪的前冲力非常强，而受到的摩擦阻碍使得回流的力量变得比较弱。因此，它们更加倾向于将粗砾搬运到海滩之上。在这一过程中发生的波浪属于建设性的波浪，也就是崩顶或激散碎波。比如大西洋波浪，冬季时，它们对爱尔兰西岸的平均压力大约为每平方米 11 吨，一旦出现大风暴，其压力便可以扩大到三倍。由此可见，暴风浪对于海岸线的影响力在高潮时特别显著。此时，暴风浪的力量往往作用到比较高的海滩或悬崖面之上，当暴风浪接近滨岸且水深变浅时，便会令其速度大大减小。不过，若是海岸是由交替的岬湾构成的话，海水在岬角前变浅远远要比在海湾深水处更快。所以，当波浪从海湾处朝着岬角侧部弯曲或折射并且在那里加强侵蚀的过程；若是波浪是以斜交的方向向前推进的话，此时的折射也有可能在平直海岸上发生，最终它们都将在与海岸平行的方向发生破碎。

波浪发生的过程中，其大小与形状是通过物理量来加以说明的。波峰、波谷、波高、波长、周期、波速、波向线与波峰线等都是波浪的基本要素。其中，波峰是波浪发生周期性运动的高处的部分，波谷是波浪发生周期性运动的低处部分，波高是波峰到波谷之间的垂直距离，波长是两个波峰之间所存在的水平距离。

在海洋学中，有着多种标准对波浪加以划分，最为常见的划分方式是按成因分类。按照波浪的形成原因把波浪划分为风浪、涌浪、内波、潮波、海啸、气压波及船行波。由于受到风力的直接影响而形成的波浪被称为风浪；当风停下来之后，或者当波浪离开风区，此时形成的波浪便被称为涌浪；在海水的内部由于两种不同密度的海水相对作用运动，而导致出现的波浪被称为内波；受到太阳与月球的引潮力的影响而发生的波浪被称为潮波；因为火山、地震或风暴等自然因素引发的巨浪被称为海啸；由于气压突然发生改变而产生的波浪被称为气压波；由于行船的作用而产生的波浪被称为船行波。

如今人们观测到的拥有最长涌波的波长为1130米，波高达到了21米，这是1961年的一场飓风期间，“贝齐”号的一架自动波浪记录仪在大西洋之中观测到的。由于波浪由风推向海岸线，波浪的高度与获得的能量取决于风的强度与风在开阔水域吹过的距离（吹程）。所以，在海岸线不断演变的过程中，最关键的是相对于风向、开阔海面的海岸线的位置与方位，尤其是相对于最大吹程的方向与最大的波浪，也就是能够起到最大作用的波浪的方向的海岸线位置与方位。波浪产生的海洋动能是十分巨大的，海洋波浪也是一项丰富的海洋能资源。

发明家的乐园——波浪能利用

海洋表面的波浪产生了动能与势能，从而产生了海洋波浪能。波浪所具有的能量与波高的平方、波浪的运动周期及迎波面的宽度呈现的是正比的关系。不过，由于受到种种因素的影响，使得波浪能成为海洋能源之中最不稳定的一种能源。因为波浪能的形成是受到风的影响，是风将其能量传递了海洋而产生的一种能量，所以，波浪是吸收了风能而形成的。波浪能的传递速率与风速存在着必然的关系，这种海洋能量还与风与水相互作用的距离存在关系。正是因为如此，波浪便具有了波高、波长及波周期的要素。

波浪有着大得惊人的破坏力，汹涌扑向海岸的巨浪可以将几十吨的巨大石块抛到20米高的地方；波浪曾经将万吨的轮船举到了海岸之上，甚至还曾将护岸的2000～3000吨重的钢筋混凝土构件翻转。正是因为如此，大多数的海港工程都是按照防浪标准进行设计的，比如，码头、防浪堤等。

在海洋之上航行的巨轮，若是遭遇波浪也只能犹如一片小木片在海洋之中上下飘荡；若是波浪比较大时，波浪便可以将巨轮倾覆，同样也可以将巨轮折断或让其扭曲。若是出现的波浪的波长刚好与船的长度相等，当波峰位于船中间，而船首与船尾刚好处于波谷，这时便会导致轮船发生“中拱”；而当波峰在船头与船尾，船中间恰好处于波谷时，便会导致船出现“中垂”。巨轮遭遇一拱一垂时犹如折铁条一般，用不了几下便可以被拦腰折断。在20世纪50年代，有一艘来自美国的巨轮航行于意大利海域时，被出现的大浪折成了两半。若是遭遇大浪的突然袭击，只需要改变巨轮航行的方向，便

可以避免巨轮的灾难。这是因为一旦航行的方向发生了改变，便可以使波浪的相对波长得到改变，巨轮便不会发生中拱与中垂了。

由于波浪有着如此巨大的能量，并且在海洋之中十分常见，因此，一直以来，波浪都深深吸引着沿海的能工巧匠们，他们想尽办法，希望将巨大的波浪转变成能够为人类服务的能量。事实上，波浪的力量可以满足全球三倍的能源需求。

发生于海洋之中的波浪所蕴藏的能量主要是指发生于海洋表面的波浪所具有的动能与势能。波浪发散出来的能量与波高的平方、波浪的运动周期及迎波面的宽度呈现出正比关系。不过，波浪能属于海洋所有能源中最不稳定的。因为台风而引发的巨浪，其功率密度可以达到每平方米几千千瓦。在波浪能最为丰富的欧洲北海地区，平均波浪功率密度也只不过有每平方米 20～40 千瓦；而我国的大多数海岸的年平均波流的功率密度仅仅只有每平方米 2～7 千瓦。

自古以来，全球利用波浪的机械设计数以千计，其中获得专利证书的波浪能利用机械设计也达到了几百件。所以，波浪能利用又被人们称为“发明家的乐园”。全球最初的波浪能利用机械发明专利的获得者是来自法国的吉拉德父子，他们于 1799 年首次获得波浪利用机械的专利。在 1854 年到 1973 年这段时间里，在英国登记的波浪能发明专利便达到了 340 项，美国有 61 项，在法国可以查到的波浪能利用技术便有六百种说明书。

据科学研究者的推断，全球波浪能在理论方面的估算值大约为 109 千瓦量级。但是，因为很多海洋台站的观测地点都位于内湾或风浪比较小的地方，因此，实际上的沿海波浪的功率都要大于 109 千瓦的量级。我国丰富波浪能的海域主要位于浙江、广东、福建及台湾沿海。

人们对波浪能的利用，最主要是利用波浪能进行发电。除了发电之外，波浪能还被人们用到了供热、抽水、海水淡化及制氢等领域。在对波浪能进行利用的过程中，最为关键的是波浪能转换装置。通常情况下，波浪能都要经过三级转换，即：第一，受波体，将海洋之中的波浪能吸收进来；第二，中间转换装置，对第一级转换进行优化，从而产生足够稳定的能量；第三，发电装置，这种发电装置与其他发电装置十分相似。

通常，在盛行风区与长风区的沿海，波浪能的密度都非常高。比如，在南半球与北半球40～60纬度之间，存在的风力是最强的，而在赤道两侧的30纬度之内的信风区的低速风，同样也会产生非常具有吸引力的波浪能，因为那里的低速风是非常有规律的。比如，美国西部沿海、英国沿海及新西兰南部沿海等地区都属于风力很强的风区，存在着非常好的波浪能。尽管海洋中的波浪能是很难被提取到的，可以利用的波浪能资源也只局限于靠近海岸线的海域。但是，在那些拥有比较优越条件的沿海地区的波浪能资源的贮量非常充足。

利用波浪能发电的技术兴起于20世纪80年代初期，当时，各个西方海洋大国纷纷利用新技术对波浪能发电进行了各类试验。由于波浪能有着能量密度高、分布面广泛等诸多优势，再加上这是一种取之不竭的可再生清洁能源，特别是在能源消耗比较大的冬季，人类依然可以大量利用。

人们在将波浪能收集起来之后，转换成电能或其他形式的能量的波能装置有两种方式，即设置在岸上的与漂浮在海里的。按照能量传递的形式进行分类，有低压水力传动、高压液压传动、直接机械传动及气动传动四种。其中，气动传动的方式运用的是空气涡轮波力发电机，这种装置能够将波浪运动压缩空气产生的往复气流能量转换成电能。这种技术的特点是旋转件不会与海水接触，可以进行高速旋转。因此，气动传动的方式也是发展比较快的。运用波浪能发电的装置多种多样，有波力发电船式、点头鸭式、环礁式、波面筏式、软袋式、多共振荡水柱式、海蚌式、整流器式、波流式、振荡水柱式、结合防波堤的振荡水柱式与收缩水道式等十多种。

最初，人们在利用海洋波浪能发电所使用的便是气动式波力装

置。运用这种装置便是利用波浪的上下起伏所发挥出来的力量，通过压缩空气的方式，令汲筒中的活塞反复运动从而产生功率。

早在1910年，法国人布索·白拉塞克便在他生活的海滨住宅附近建造了一座气动式的波浪发电站，这座发电站的建成可以为布索·白拉塞克的住宅提供1千瓦的电力。布索·白拉塞克所建的发电站所运用的原理是：由于波浪发生的起伏，使得与海水相通的密闭竖管里面的空气受到了压缩或抽空稀薄，从而驱使着活塞往复运动，最终再转换成由发电机的旋转运动而产生的电力。

到了20世纪60年代，日本人研制出了运用航标灯浮体上面的气动式波力发电装置进行波浪能发电。这种波浪能发电装置已经批量生产，其所产生的额定功率在60瓦到500瓦之间。除了日本国内自用之外，这种发电装置还被出口到其他国家，并成了少数商品化波能装备中的一种。运用航标灯浮体发电的工作原理犹如一个倒置的打气筒，它所依靠的便是波浪的纵向运动所产生的力量使置于海面的浮体上下运动，进行吸收与压缩空气，从而推动着涡轮机进行发电。

据相关科学研究者预计，被用到航标与孤岛供电的波浪发电设备具有几十亿美元的市场需求度。科学研究者的这一预计对于一些国家的波力发电研究得到了极大推动作用。自20世纪70年代以来，日本、英国及挪威等诸多国家都为波力发电研究投入了大量的财力、物力，并取得了相当可喜的成绩。日本人所研制出的海明波浪能发电试验船获得了每年发电量为19万千瓦时的优秀成绩，从而完成了海上浮体波浪电站朝着陆地小规模送电的愿望。日本已将海明波浪发电船加入到了离岛电源的首先方案，继续不断地进行这方面的研究与改进。英国也计划在苏格兰外海波浪场，设置大规模的“点头鸭”式波浪发电装置，以满足当时整个英国所需要的电力需求。不过，虽然英国的科学研究者对此项计划很有信心，但最终却因所需要的装置结构太过复杂，并且所需要的成本费用非常高，从而使得

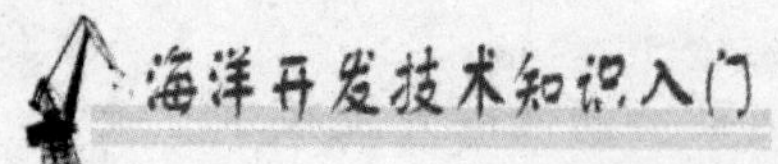

这一计划得到了暂时搁置。

我国自 20 世纪 70 年代以来，在波力发电方面的研究也取得了非常显著的成绩。北京、上海、广州、青岛的五六家研究单位都对这方面展开了研究，而用于航标灯的波力发电装置也投入到大批量的生产之中，尤其是向海岛供电的岸式波力电站也投入到试验之中。如今，小功率的波浪能发电已经在导航浮标、灯塔等领域得到极大的推广与应用。

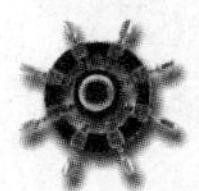

利用温差能发电

在海洋之中存在着这样一种海洋能源，它便是海洋温差能。太阳照射地球表面，形成了海洋表面到底部的垂直温差，从而产生了这种新型能源。海水的温度会随着海洋的深度不断增加而降低，之所以会这样，主要是因为太阳光线的辐射无法透射到400米之下的深度，这便使得存在于海洋表层的海水与海洋400米深处的海水温度相差可以高达20摄氏度以上。一般情况下，随着海洋深度的增加，海水之间的温度差呈现出一定的温度递减率；在海洋深度为100～200米之间的海水温度递减率最大；当海洋的深度超过200米之后，海水间的温度递减率便会明显减小；当海洋的深度达到1000米以上时，海水间的温度递减率则会变得非常微小。

幅员辽阔的海洋是一个巨大的储热库，能够将大量的太阳辐射吸收转成能海洋能源，从中所得到的能量便达到了60万亿千瓦左右。不仅如此，海洋还是一个巨大的调温机，它可以有效地调节海洋表面与海洋深层的水温。人们主要是运用海洋热能转化技术，将海洋深处的海水提到海洋表面，这样便可以令来自海洋深处的冷水在遭到海洋表面的温水时出现汽化现象，最终推动涡轮发电机发电。

运用海洋热能进行发电，其实便是运用海水之间的温差发电。由于处于海洋不同水层的海水之间存在着极大的温差，在海洋表层的水温通常要比海洋深层或海洋底层的水温高出许多，温差发电的工作原理便是：当海洋中的温水流到蒸发室之后，便会在低压下海水沸腾变为流动蒸汽，抑或丙烷等蒸发气体并将其作为流体，从而推动着透平机不断旋转，最终启动交流电机发电；之后，再令已经使用过的废蒸汽进入到冷凝室，这样便可以被海洋深层水冷却凝结，如此便可以不断地进行循环。

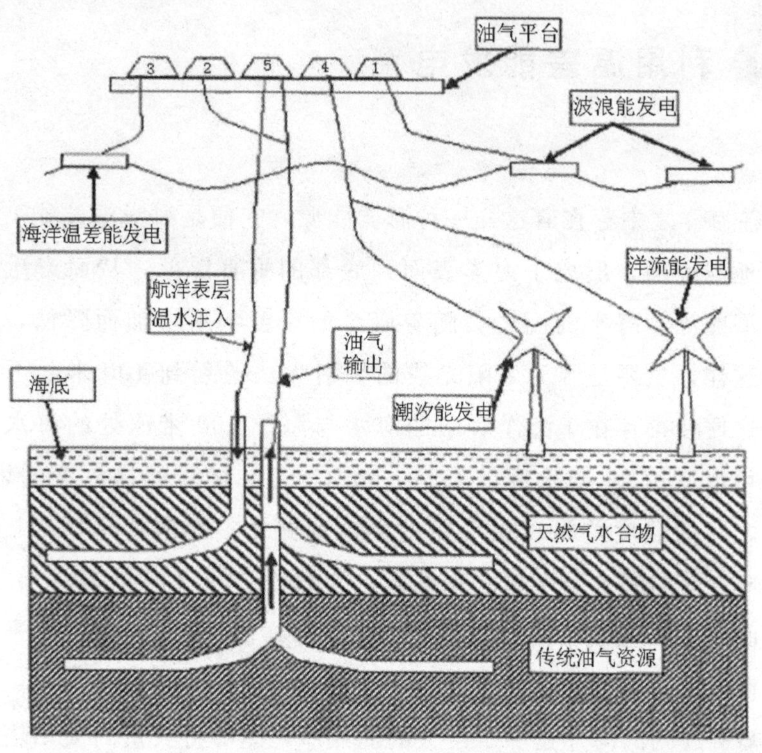

海洋温差能发电示意图

利用海洋温差热发电技术是一种利用高温与低温热源之间的温差，再运用低沸点工作流体作为循环工质，并建立在朗肯循环的基础之上，运用高温热源加热并蒸发循环工质所产生的蒸汽，最终推动透平发电的技术，在这项发电技术中主要运用到的设备有蒸发器、冷凝器、涡轮机与工作流体泵。当经过高温热源加热蒸发器时，工作流体便可以得到蒸发，蒸发后的工作流体在涡轮机内便会发生绝热膨胀，最终实现涡轮机的叶片得到推动而实现发电。当发电之后，工作流体又会被导入到冷凝器中，这时便可以将其热量传递给低温热源，从而令其得到冷却并恢复成液体，在此之后，又会经过循环泵被送入到蒸发器而形成一个循环。

早在120多年前，人们便已投入到了利用海洋温差产生电力的理论研究与技术研究中。到了20世纪70年代，随着全球能源危机的到来，这项新能源开发技术得到了更加广泛的关注。近年来，运用海洋温差发电的研究已取得了实质性的进展。在热带海洋地区，有着大约6000万平方千米的海域比较适合海洋温差发电，而运用海洋温差发电所发生的发电量可以是目前世界能源需求的几倍。现在，美国、日本及印度等多个国家都已建成了海洋温差发电站。

美国建立的具有50千瓦发电量的海水温差发电船停泊于夏威夷附近的海面。在发电的过程中，运用的结构是闭式循环，所用到的工质是氨，装置中所用到的冷水管长度为663米，冷水管的外径大约为60厘米。这一装置运用海洋深层的海水与海洋表面大约21～23摄氏度的温度差进行发电。从1979年8月起，美国的这一海水温差发电便开始连续三个500小时发电，装置中的发电机所发出的电力为50千瓦，其中所用到的大都是水泵抽水，其额定功率为12～15千瓦。

之后，美国又在夏威夷建成了一个自然能源试验室，从而为夏威夷岛建成40兆瓦的大型海水温差发电站奠定了基础。美国此项工程的建立，无论在电力传输、热交换器方面，还是在深水管道、防腐以及防污方面都取得了非常大的进展。

日本于1973年在赤道附近的瑙鲁共和国建立了25兆瓦的海水温差发电站，在8年之后还修建了100千瓦的实验电站。瑙鲁海水温差发电站建在海岸之上，并将内径长达70厘米、长度达到940米的冷水管沿着海床铺设到550米的海洋深处。这座海水温差水电站的最大发电量为120千瓦，其中有着31.5千瓦的额定功率。

我国的台湾建有红柴海水温差发电厂，计划运用从核电站排出的36到38摄氏度的废水与海洋300米深处的冷海水之间的温差进行发电。这一发电厂所铺设的冷水管内径达到了3米，长度则大约为3200米，一直延伸到台湾海峡300米深的海洋之中。台湾红柴海水温差发厂的预计发电量为14.25兆瓦，若是去除泵水等动力消耗后的净发电大约为8.74兆瓦。

早在1985年，我国科学研究者便对温差利用中的“雾滴提升循环”进行了研究试验。此种方法采用的工作原理是：运用海洋表层与海洋深层的海水之间存在的温度差所产生的焓降，即焓值的降低量。简单地说，蒸汽的焓是指蒸气所具有的作功能力，而焓降就是指蒸气作功能力的降低，可以运用这种方法来提升海水的位能。据科学研究者的计算，其中的温度可以从20摄氏度降低到7摄氏度，此时海水所能释放出来的热能便可以令海水提升到125米的高度，之后再通过水轮发机进行发电。科学家们运用此种方法，有效地减少了系统的尺寸，并提升了温度差能的密度。4年之后，科学研究者又将雾滴提升到21米的高度。与此同时，科学研究者还对开式循环过程进行了实验与研究，并建成了两座容量分别为10瓦与60瓦的试验台。

当今新型的海水温差发电装置是将海水直接引入到太阳能加温池之后，将海水加热到40～60摄氏度之间，甚至还可以将其加热到90摄氏度，之后再将加热的海水引入到一直都保持真空状态的汽锅蒸发，从而进行发电。在人们运用海水温差进行发电的过程中，还可以从中提取到淡水。因此，海水温差还有着进行海水淡化的功能。每一座10万千瓦的海水温差发电站，每天便可以提取到378立方米的淡水，运用这些提取出来的淡水不仅可以用到工业用水之中，还可以用到满足饮用水的需要。除此之外，因为海水温差发电提取到的都是深层冷海水，而深层冷海水中有着十分丰富的营养盐类，这些营养盐类为浮游生物与鱼类提供了充足的营养。因此，在海水温差发电站的周围时常会成为浮游生物与鱼类群集的地方，进而增加近海的捕鱼量。

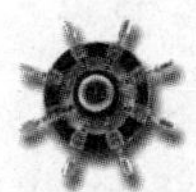

利用盐差能发电

在海水与淡水之间或在两种含盐浓度不同的海水之间形成的化学电位差能便是盐差能，它是以化学能形态出现的一种海洋能源，主要存在于河与海洋的交接处。不过，在淡水十分丰富的地区的盐湖与地下盐矿同样存在可以利用的盐差能。在所有海洋能中能量密度最大的可再生能源便是盐差能。在很早以前，人们便已认识到在淡水与海水之间存在着很大的渗透压力差，通常情况下，海水的含盐率为 3.5%，它与河水之间的化学电位差存在相当于 240 米水位差的能量密度。从理论的角度来讲，若是能够将其中存在的压力差能充分利用起来，便可以在河流流入到海洋之中的 1 立方英尺（约合 0.028 立方米）的淡水中实现 0.65 千瓦时的发电量。比如，一条河流的流量在 1 立方米，所能发电输入的功率便达到了 2340 千瓦。从发电的原理上来说，有着这种水位的差可以运用半透膜在盐水与淡水交接处获得。若是在此过程中盐度不能降低的话，所产生的渗透压力便可以充分将盐水面提升到 240 米的高度，运用这段水位差，便可以直接通过水轮发电机获得能量。

运用盐差发电的工作原理是：将两种不同浓度的盐溶液盛放到一个容器之中，浓溶液中的盐类离子便会不断地向浓度低的溶液中扩散，直到两种溶液中的盐含量达到一致。因此，运用盐差能发电便是利用两种含盐浓度不同的海水之间的化学电位差能，将其转换成有效的电能。曾经有科学研究者在十分详细的计算后，发现在 17 摄氏度时，若是有 1 摩尔的盐类从浓溶解被稀释到浓度比较低的溶解中，便可以释放出 5500 焦的能量。因此，科学研究者联想到，只要有大量浓度不同的溶液进行混合，便一定会有巨大的能量被释放出来。科学研究者经过更深入的计算发现，若是运用海水中所含盐分的浓度差进行发电的话，所得到的能量仅仅次于利用波浪能发电量，并且还要远远大于海洋中的潮汐能与海流能。

一直以来，利用河口与海洋交界水域的盐度差所存在的巨大能量都是科学研究者的追求。在 20 世纪 70 年代，世界各国展开了诸多调查与研究，希望能够找到提取盐差能的技术。事实上，开发与利用盐差能的困难极大，因为淡水是会将盐水冲淡的，为了保持盐度的梯度，就必须要不断地加入盐水。这样的话，便会令水池的水面高出海平面 240 米，这一过程就必须要有足够大的功率来提取海水。因此，已经被研究出来的盐差能实用开发系统是十分昂贵的。

运用盐差能发电有着多种方式，比如蒸汽压式、渗透压式及机械-化学式等。在诸多方式中，渗透压式最受人们关注，这种方式只需要将一层半渗透膜放到不同含盐量的两种海水之间，再经过这个半渗透膜产生一个压力梯度，便可以迫使水从盐度比较低的一侧渗透到含盐量比较高的一侧，从而达到高盐度的海水被稀释的目的，一直到半渗透膜两侧的盐度变成相同含量。这种压力被人们称为渗透压，渗透压与海水的盐浓度及温度都存在很大的关系。

在地球上存在可运用的盐差能为 26 亿千瓦，该海洋能量远远比温差能还要大。因此，海洋之中蕴藏着巨大的能量，在海水不发生枯竭的情况下，海洋能量也是生生不息的。

对海流能进行开发

海洋中广泛存在海流，海流是指海底水道与海峡之中比较稳定的流动及因为潮汐而导致的有规律的海水流动。海水流动主要为海水环流。海水环流是指大量的海水会从一个海域经过长距离的流动之后到达另一个海域。造成海水环流的原因主要有两方面的因素：风与海水密度。

由于在海平面之上，常年都有一直吹向某个方向的风，比如，在赤道的南侧常年都吹着不变的东南风，在赤道的北侧则一直吹着不变的东北风。由于风的吹动，使得海水的表面发生运动，而海洋表层的水动性又将这种运动传到海水的深处。随着海洋的深度不断增加，海水的流动速度也会不断降低；有一些时候，海水的流动方向也会随着海洋深度的增加而发生改变，甚至在海水下层中的流动方向与海洋表层的流动方向相反。

在太平洋与大西洋的南北两半，以及印度洋的南半部分，起到主导作用的风系导致了一个广阔的、按逆时钟方向旋转的海水环流。尤其在纬度比较低及中纬度的海域，风更是导致海流出现的主要力量。

而在不同的海域，由于海水的温度与含盐量时常是不同的，这些因素会影响到海水的密度，海水的温度越高，其含盐量便会越低，海水的密度便会越小。如果两个邻近海域的海水密度不同，也会造成海水环流的出现。当海洋中的海水出现流动时，便会产生巨大的能量。

海水不断发生流动时所产生的动能便是海流能，这种能量属于另一种以动能形态出现的海洋能。海流能的能量与其流动的速度的平方及流量成正比的关系。相对于海洋中出现的波浪而言，海流能的变化比较平衡，并且比波浪有规律。海流能可以随着潮汐的涨落，每天进行两次大小与方向的改变。通常情况下，最大的流动速度在2米/时以上，这样的海流能有着比较实际的开发价值。

人们在对海流能进行的开发方面，最常用到的便是利用海流能进行发电。由于海流能是巨大的，所以运用这种海洋资源所得到的发电量也是十分可观的。

运用海流发电主要是通过海流的冲击力令水轮机发生旋转，在水轮机的带动下，令发电机产生电能。如今，海流发电站一般建造在海洋平面之上，通过钢索与锚对其加以固定；还有一种浮于海平面上的海流发电站，由于这种发电站犹如花环一般，被人们称为花环式海流发电站。花环式海流发电站由一串螺旋桨组合而成，其两端固定于浮筒之上，在浮筒之中装着有发电机。整个发电站都是迎着海流的方向漂浮于海平面上的。花环式海流发电站之所以要用一螺旋桨组合而成，关键在于海流的速度在单位体积内所具有的能量比较小。花环式海流发电能力通常比较小，仅仅能为灯塔与灯船提供电力，最多能够为潜水艇上的蓄电池充电。

美国人研究设计出一种驳船式海流发电站，这种发电站其实就是一艘船，将其称为电船要更加合理些。船舷两侧安装着巨大的水轮，受到海流的推动而不断地转动，从而带动发电机进行发电。美国人设计的这种发电船所具备的发电能力大约为5万千瓦，得到的发电量可以通过海底的电缆被送到岸上。一旦出现有狂风巨浪的袭击，发电船便可以驶到附近的港口避风，从而保证发电设备的安全。

在20世纪70年代末期，人们又设计出一种新颖的伞式海流发电站。伞式海流发电站同样建造在船上，将50个降落伞串到一根长绳子之上，用其来聚集海流的能量。将绳子的两端相连后便形成了一个环形，之后再将绳子套到锚泊在海流中的船尾两个轮子上。被安

置在海流中串连到一起的50个降落伞因为受到了强大海流的推动，使得环形绳子的一侧海流犹如大风一样将伞吹胀撑开，并顺着海流的方向发生着运转；而在环形绳子的另一侧，由于绳子牵引着伞顶朝船运动，使得降落伞无法张开。这样便可以令连接着降落伞的绳子在海流的作用下进行重复的运动，并带动着船尾的两个轮子不断发生旋转，连接着轮子的发电机也在其带动下不断转动，从而形成电能。

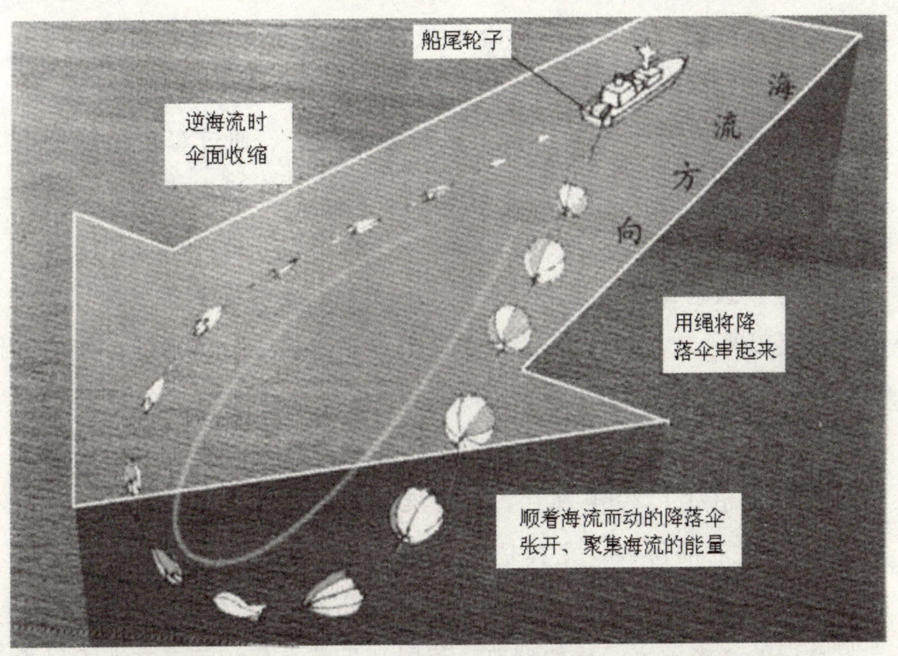

海流能伞式海流发电站

由于超导技术在当今社会得到了快速发展，使得超导磁体得到了实际应用，于是运用人工形成强大的磁场已经不再是人们的梦想。对此，一些科学研究者指出，只需要用一个3.1万高斯的超导磁体连接到黑潮海流之中，便可以令海流在通过强磁场时发生切割磁力线，从而产生1500千瓦的电力。

海洋风能的开发与利用

最近二十多年以来，利用海洋风力进行发电得到了快速发展，其中，单机发电能力从原来3.5万千瓦时增长到了17亿千瓦时，使得单机发电能力提升了将近500倍，也使得海上风电不断变得商业化。事实上，人类在开发与利用海上风能的过程中，通过海上风能发电经历了两个发展阶段：在2000年以前，人们便在浅海建造了一些小型的示范性项目；到了2000年之后，一些比较大型的项目在浅海得到了建造，这些比较大型的项目到现在依然具有一定的示范性。

一直以来，欧洲都占据着风力发电的领先地位，不管是在陆上风力发电，还是在海上风力发电方面，欧洲都有着比较大的优势。到2009年底，在欧洲建成的海上风电场有38个，这些海上风电场的累计装机容量超过了2000兆瓦，其装机容量占据着世界海上风电装机容量90%左右的份额。尤其是英国与丹麦，这两个国家也是海上风力发电发展最快的国家，分别占据着全球市场44%与30%的份额。

欧洲的诸多国家，比如瑞典、英国、丹麦及荷兰等，在海上风力发电方面起步得都非常早，并且发展得也十分快。无论是在技术方面，还是国家政策方面，一直都位于国际领先的水平。在20世纪90年代，瑞典便架设了第一座海上风电机，开启了人类对海上风能的开发与利用之门，瑞典架设的这座海上风电机具有实验性质，其功率为220千瓦。这座海上风电机运转了八年之后，便停止运转。全球第一个真正意义上的大规模海上风电场出现于2002年，由丹麦人在北海沿岸建造的海上风电场，代表着人类在海上风能的开发技术领域已渐渐走向成熟，更预示着大规模的商业化开发海上风能的时

代来临了。丹麦人建造的这座海上风电场距离海岸 14～20 千米，水深为 6.5～13.5 米。由于当地的风速为 9.7 米/时，再加上安装了 80 台单机容量为 2 兆瓦的风机，使得这座海上风电场的总装机容量为 160 兆瓦，这样大的发电量可以供 15 万个丹麦家庭用电。

风电场

德国第一座海上风电场于 2010 年 4 月正式并网发电，这座风电场装机容量为 60 兆瓦，一共安装了 12 台先进的 5 兆瓦的海洋型风机，所建设的海域水深达到了 30 米，距离海岸最近的距离为 42 千米。这座海上风电场成为全球第一个大功率深水风电场，可以为 5 万个家庭提供所需要的用电量。

如今，我国已经成为全世界第二大能源生产与消费的国家，随着社会经济规模的进一步发展，人们对能源的需求将持续快速地增加。对于我们这个人口大国而言，若想拥有更加充足的电能，就必须加大电能的开发力度。我国的海洋有着十分丰富的风能资源，只是这些风能资源的分布有着地域性与季节性的变化。我国的海岸线长度达到了 1.8 万千米，而且大多数的沿海地区都是经济十分发达的城市，对电的需求量十分巨大。然而，在沿海地区的陆上风电场却存在着诸多缺点，不仅存在严重的用地矛盾，更有着噪声与污染等十分严重的问题，尤其是那些优良场址的位置都已得到快速的规划与开发，人们不得不将利用风力发电的眼光转移到海上，这便是人们常说的在海上建立风电场。若是能够在海上建立风电场的话，不单单可以有效缓解沿海地区的土地紧缺，更可以减少输电损耗。因为海上风电场距离沿海城市都比较近，并且城市都是电力负荷的中心，可以有效减少输电过程中产生的损耗。尤其是我国北方的大多数海域属于陆架海，水深都比较浅，从而海上风电的成本将有明显的降低。

我国的近海地处亚洲大陆与太平洋之间，由于大陆与海洋之间存在热力的差异，这种差异产生的气压梯度与气温梯度的季节变化要比其他地区或海域更为显著。冬季，高空的西风助长了气团从大陆流向海洋的势力；而到了夏季，华南地区的高空东风与东部沿海十分活跃的副热带高压，更加提升了海洋气团进入大陆的势力。在我国沿海，季风不仅盛行，而且波及的范围也非常大、势力非常强。据科学研究者的推断，在我国低空10米范围内的风能资源大约为10亿千瓦，其中陆地上所占到的份额为2.53亿千瓦，海上所占到的份额为7.5亿千瓦。若是再往上扩大到50～60米之上的高空的话，所能获得的风电资源最少要增加一倍，可以达到20亿～25亿千瓦。

相对于陆地风速而言，海上风速不仅大而且变化小，比较适合采用单机容量比较大的风机，并且海上风能资源的有效利用时数比较高，可以充分利用风电机组的发电容量。由此可见，只要人们能够正确地运用海上风能，便可以令其有效地为人类带来更多的电能。

第六章　海上开发技术

在很早以前，人类便开始对海洋投入极大的关注，只是当时由于没有先进的设备与技术作支撑，使得海洋开发一直处于落后的状态。不过，随着人类社会不断进步，海洋开发技术也得到了快速的发展。如今，人们不仅可以对海上石油进行勘探，还在海上设立了钻井平台。人们不仅可以在海上开发人工岛，还可以建立海上工厂、海上仓库、海上飞机场，甚至还建造出了海上城市。因此，现代海上开发技术已取得了飞速发展。

海上石油开发的环节

石油属于一种液态物质，包含的主要成分是碳氢化合物。刚从地下采到的石油被人们称为原油或天然石油。运用某些技术可以生产制造出人造石油，这是一种从煤或油页岩中提炼出来的液态碳氢化合物。天然石油的主要组成元素不仅有碳与氢，还有硫、氮及氧。天然石油呈现出来的是一种褐色、暗绿色或者黑色的液体。

人们在对石油进行开发的过程中，首先要做的便是寻找石油，最终才能成功利用石油。从石油的寻找到石油的利用大概需要四个最主要的环节，分别为寻找石油、开采石油、输送石油及加工石油，这四个环节又被人们称为石油的勘探、油田的开发、油气的集输及石油的炼制。其中，对于第一个环节——石油勘探，有着许多方法可以运用，只是所勘探的地区地下是否会有石油，还必须依靠钻井对其加以证实。钻井技术方面的优势程度往往可以反映出该国家的石油工业的发展情况。无论哪个国家，只要在钻井技术上取得了一定的成就，就可以说这个国家的石油工业的发展还是不错的。也正是因为这种原因，有一些国家相继宣布自己钻出了世界上第一口油井，以说明他们国家在石油工业方面取得了发展。

石油开发与利用的第二个环节便是油田开发，这一环节是指运用钻井的办法来对油气的分布范围加以证实，尤其是油井可以投入到生产中，并形成一定的生产规模。

石油开发与利用的第三个重要的环节是油气的集输技术，这种集输技术随着油气的开发应运而生。

石油开发与利用的最后一个环节便是石油炼制。石油炼制技术开始的年代更加久远，早在北魏时期，郦道元编著的《水经注》一书中便讲到了从石油之中提取润滑油。英国科学家李约瑟曾经在其论文中写道：在公元10世纪的时候，中国便已经开始了对石油的大量使用。事实上，早在公元6世纪，中国古人便已有了对石油进行炼制的工艺。

在石油勘探的过程中，人们时常使用重力仪与磁力仪等仪器对新的石油储藏地进行寻找。对于存在于地表附近的石油，可以运用露天的方式进行开采。只是在当今，除了少数极为偏远的地区还存在地表石油，其他地区的地表石油几乎全部被开采殆尽了。对于埋藏得比较深的油田，人们只能通过钻井才能成功开采。若想对存在于海洋底部的油矿进行开采，就必须要具备石油平台进行钻井与开采。因为钻头在钻井的过程中，必然会出现碎屑，所以钻头还必须足够润滑，而冷却液也必须要运输出钻孔。因此，人们在设计时便将其钻柱与钻头设置为中间空的。在钻井的过程中，所使用到的钻柱越来越长的情况下，便可以运用螺旋将钻柱连接到一起。而在钻柱的端头便是钻头。如今，人们所使用到的钻头都是由三个相互之间成直角并且带有齿的钻盘组合而成的。在对坚硬的岩石进行开钻时，可以在钻头上配上金刚石。通常情况下，钻头与钻柱都是由地面上的驱动机构带动旋转的，钻头的直径远远大于钻柱，这样便可以在钻柱的周围形成一个空洞，而在钻头的后端所使用的钢管则是用来防止钻孔的壁塌落的。运用钻井开采到了石油液可以通过中空的钻柱被高送到钻头，而钻井泥浆可以因为高压通过钻孔被送回到地面之上。

事实上，只要运用一些手段，便可以有效提升石油的开采量。在进行石油开采的过程中，人们可以通过压入沸水或高温水蒸气或燃烧部分地下石油的方法增加石油的开采量。开采者还可以通过压入二氧化碳的方式来降低石油的黏度，压入能够将石油从岩石中分解出来的有机物的水溶液，压入氮气的方式等。运用上述这些手段，可以大大提升石油的开采量。

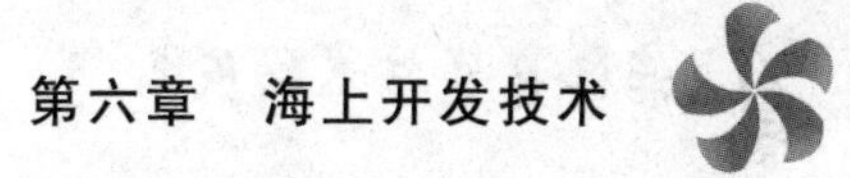

海上石油开发的技术

相对于普通的固体矿藏而言，石油这种天然矿藏有着三个非常明显的特征：

第一，在进行石油开采的整个过程中，被开采出来的石油会源源不断地流动，贮藏情况会不断地发生变化，所有的措施都必须针对这种情况。这便使得整个油气田开采的过程必须是一个不断了解与不断改进的过程。

第二，在进行石油开采的过程中，开采者通常是不会与矿体发生直接接触的。开采者在进行油气的开采时，若想对油气的藏量的情况加以了解与对油气藏施加影响的各类措施都必须要经过专门的测井实施展开。

第三，一些油气藏的特点只有在开采与生产的过程中，甚至必须在井数比较多的情况下，才能被开采者认识到。所以，在一个阶段内，勘探与开采的阶段时常是相互交织在一起的。

开采者若想开发出好的油气藏，就必须要对其进行细致、全面的了解，还要拥有一定数量的探边井，再运用地球物理勘探资料，对油气藏的油水边界、油气的边界、分割的断层及尖灭线等进行细致的了解。开采者必须要钻到一定数量的评价井，才能对油气层的性质加以了解，其中油气层的厚度变化、储层所具备的物理性质、油藏所具有的流体以及流体的性质、油藏所拥有的温度与压力的分布等，这些特点都是要求开采者必须要了解与掌握的。只有对上述这些特点加以综合的研究，方能令开采者对油气藏有一个较为全面的了解与认识。

开采者在研究油气藏的过程中，不能仅仅对油气藏的本身加以研究，同时还必须要对与油气藏相邻的含水层及两者之间的连接关系加以研究。尤其在进行石油开采的过程中，开采者还必须能够通过对生产井、注入井及观察井的观察与了解，实现对油气藏进行开采、观察及控制。其实，油与气的流动都要通过三个互相连接的过程，即油与气从油层之中流入到井底；油与气从井底上升至井口；从井口流入到集油站时，通过分离脱水处理之后，便可以直接流入到输油气的总站之中，并且可以转输出矿区。

那么，开采者在进行石油开采的过程中，都会运用到什么样的技术呢?

在当今高速发展的社会，油价一路飙升，使得生产油的技术越来越受到人们的重视。在这些生产油技术之中，最为重要的一项技术便是从焦油砂与油母页岩提取到石油。尽管在地球之上已经探测到很多这类的矿物，但是，人们若想用最低的成本，在不至于让地球的环境遭受破坏的情况下，从这些地球已知的矿物中提取石油，依然面临十分艰巨的挑战。还有一项技术，那便将是天然气或煤转化为油。这里所提到的石油是含有不同的碳氢化合物的。

在第二次世界大战中，当时的纳粹德国为了更好地补偿德国进口石油被切断而实施了研究，并取得了相应的成就。在战争中，德国人运用国产的煤来制造人造石油。最盛时期，德国一半的用油都是由于这种技术产生的。然而，这种方式生产出来的石油成本比较高。在油价非常低的情况下，这种技术产油量是无法与石油进行竞争的，只有在油价比较高的情况下，它才具有竞争力。

在这样的社会背景下，海上石油开发进入到人们的视线之中。在进行海上石油开发的过程中，测井工程在井筒之中运用地球物理的方法将钻过的岩层及油气藏中的原始状况与产生变化的信息，尤其是油、气及水在油藏中的分布情况与变化情况的信息，经过电缆传递到地面之上。这样，便可以令开采者依据综合的判断，确定接下

来所采取的技术措施。

在油气田的开发过程中，钻井工程起着十分重要的作用，在建造每一个油气田的过程中，钻井工程的投资便会占到整个工程总投资的一半以上。在一个油气田的开发过程中，时常要打上几百口乃至几千口钻井。

在钻进开采的技术中，由于开采、观察及控制等不同目的钻井，诸如生产井、注入井、观察井与专门用于检查水洗油效果的检查井等，这些都是需要不同的钻井技术要求的。开采者在展开钻井工作的过程中，应当保证所钻出的井不会对油气层产生太多的污染，保持井的质量要一定要高，并必须保证其能够经受得起开采几十年中的各种井下作业的影响。在油气田开发的过程中，若想降低钻井成本，最为关键的是要改进钻井技术与管理，以提升钻井的速度。

海上采油工程技术是指将油与气从井底举升到井口的整个流程下来所运用到的工艺技术。若想让油与气上升，可以通过地层的能量让其发生自喷，同时还可以通过抽油泵、气举等人工增补的能量让其导出。开采者只有运用各类有效的修井措施，才能更好地排除油井时常出现的结蜡、出水、出砂等问题，从而保证油井开采的正常进行。开采者运用水力压裂或者酸化等增产措施可以有效提升因为油层渗透率过低或因钻井技术措施不当所产生的污染与对油气层造成的损害。

在进行油气集输的过程中，所运用的技术主要是油田之上建造完整的油气收集、油气分离、油气处理、油气的计量与储存、油气的输送的工艺技术。运用这些油气集输技术可以令从井中开采出来的油、气、水等混合流体在通过矿场时能够被分离且初步处理，从而获得最多的油气产品。

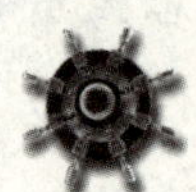

打造海上钻井平台

在人们进行海洋石油勘探开发的过程中，不仅需要巨大的投资额，还必须承担巨大的风险。尽管如此，由于油藏厚度比较大、储量也非常丰富、单井可以获得比较高的产量，海洋石油勘探开发的收益也是非常高的。在我国当前大陆架的473万平方千米的领域中，所含有的石油地质储量大约为225亿吨，天然气的储量则占到了8万亿立方米。

早在1963年，我国便开始运用平台在海上打井。当时的开采者运用土办法建造了我国第一座浮筒式钻井平台，还在距离海岸4千米的位置打了三口井；三年之后，人们又在渤海建造了第一座正式海上平台，当年的12月31日，在渤海开启了第一口探井开钻，这口探井开钻于第二年的6月14日开采出了工业油流。也正是从那一时刻起，我国海洋石油勘探开发的帷幕被揭开了。

1994年，在我国出现的海上采集地震测线长达57万千米，打探井的数量达到了363口，所发现的油气构造达到了88个，从中开采出的石油地质储量为11.88亿吨、天然气地质的储量则为1800亿立方米，每年的产出量达到了647万吨。如今，我国每年的产油量在2500万吨，每年产气量大约占到了50亿立方米。

在海洋石油开发的过程中，必须要建造海上钻井平台。海上钻井平台主要是被用到钻探井的海上结构物。海上钻井平台不仅安装着钻井与动力，还安装了通信与导航等设备，还有安全救生与人员生活的设施。因此，海上钻井平台是海上油气勘探开发过程中不可或缺的手段。海上钻井平台主要分为自升式与半潜式两种钻井平台。

由平台、桩腿及升降机组成的自升式钻井平台，通常是没有自航能力的。美国于1953年便建造出了第一座自升式的海上钻井平台。由于自升式的海上钻井平台对水深的适应性比较强，有着非常良好的工作稳定性，因此，这种海上钻井平台的发展速度比较快，大约占到了移动式钻井装置总数的二分之一。当自升式的海上钻井平台进行工作时，其桩腿便会被下放插入到海底，并且平台被抬起到距离开海平面的安全工作高度，并且还必须对桩腿展开预压，这样才能保证自升式钻井平台在遭遇风暴时可以令桩腿不会发生下陷。当完成之后，自升式海上钻井平台便会降到海面，将桩腿拔出并全部提起，整个海上平台便会浮于海面之上，并且可以通过拖轮将其拖到新的井位。

第二种海上钻井平台是半潜式钻井平台，这种海上钻井平台的上部是工作甲板，下部是两个下船体，用这两个下船体来支撑立柱连接。在半潜式钻井平台工作时，其下船体便会潜入到水中，这时的甲板会位于水上比较安全的高度。由于水线的面积比较小、波浪的影响也非常小，这种半潜式钻井平台有着很好的稳定性与自持能力，可以工作到水深比较大的地方。对于新发展的半潜式钻井平台拥有了动力定位技术后，这种钻井平台可以达到的工作水深为900～1200米。相对于自升式钻井平台而言，半潜式钻井平台的优点是工作水深大，可以灵活移动；但其有一些缺点，那便是需要比较大的投资，维持的费用比较高，必须要有一套复杂的水下器具。因此，半潜式钻井平台的效率没有自升式钻井平台的高。

无论是自升式海上钻井平台还是半潜式海上钻井平台，都具有如下的特点：

第一，海上钻井平台的结构十分复杂。为了能够满足生产与生活的需要，海上钻井平台的内部结构大多非常复杂，往往将一个大空间分成若干个小房间，这样便使得内部的舱室非常紧凑、走道极为狭小、层间的高度比较低矮，而楼梯的坡度则比较大、出入口非常小。

第二，在海上钻井平台有着比较多的可燃物，其火灾的荷载比较大。海上平台的平台舱室在装饰与装修过程中，所运用的大都是可燃材料。海上平台在生产的过程中，需要使用到大量的油料；而在试油期间排放出来的石油与天然气都属于易燃易爆的物品，这不仅扩大了海上平台的危险区，而且一旦遇到火源便很容易引起火灾。

第三，海上钻井平台的电机设备比较多，使得用电量大大提升。在海上钻井平台上，各种类型的钻井电机与生产辅助设备非常多，其中还有生活电器的集中安放，尤其是一部分的电器线路还敷设在装饰层中。因此，一旦电机设备与生活电器出现了故障或发生了电线超荷载与短路等情况，极易引发火灾。

第四，在海上钻井平台工作的人员十分密集，但相对非常孤立，很容易导致重大伤亡。由于海上钻井平台的工作人员居住得非常密集，一旦发生危险，很容易相互拥挤，很难进行及时的疏散。再者，海上钻井平台都距离陆地非常远，平台上的工作人员孤立工作。当危险出现时，很容易造成二次伤害。

由于海上钻井平台所独有的特点，使其极易发生火灾。因此，海上钻井平台在工作的过程中，必须要采取一定的安全措施，这样才能在保证人员、设备安全的情况下，将存在于海底的石油开采出来。

寻找海洋油气资源的后续基地

任何一种能源都是人类赖以生存与取得发展的基础，尤其是后备能源的问题对一个国家的经济安全起着致命作用。近年来，我国探明的油气储量呈现不断下降的趋势，原油的产量增长速度极为缓慢，我国每年新增探测到的可开采储量已经无法弥补同期的产量。因此，在很大程度上，能源资源短缺已经成为阻碍我国经济发展的重要原因之一。自从1993年以来，我国便开始从其他国家进口石油，并且成为石油净进口国。到了2000年，我国石油的进口量超过了7000万吨。随着我国经济的不断发展，石油需要进口的缺口将变得更大，截止到2010年，我国进口石油量达到了2亿吨。在这样的社会背景条件下，最大化地解决我国油气资源接替基地成为我国人民最为急迫的问题。

那么，如何才能有效地解决我国当下面临的石油资源紧缺的问题呢？我国的海上石油仓库又在哪里呢？什么地方才是我国海洋油气资源的后续基地？对此，科学研究者指出，若想解决上面的问题，就必须以最快的速度在黄海南部、南海北部陆坡展开新一轮的油气资源调查与研究，并持续对台湾海峡的含油气盆地重点构造展开更加深入的调查与研究，这样才能在油气资源战略方面取得新的突破。

自从20世纪80年代以来，全球的石油与天然气的探明储量与每年的产量都呈现出不断稳定上升的趋势，增长量有着70%的份额是来自于海洋油气。对于中国海域而言，有着比较丰富的油气资源。据相关研究者的大致推算，我国海域的石油与天然气的资源储量分别为246亿吨与8.4万亿立方米。尽管有着如此巨大的石油与天然气的储量，但却因我国海上油气资源勘探的后备基地严重短缺，使得我国的海上油气产量出现了极大的下滑。相对于那些发达国家而言，我国人民在海洋油气资源方面展开的调查与研究都比较晚，尤其是人们在海域的油气勘探程度与油气资源的探明程度还处于比较低的状态，依然有许多新的领域没有得到发展。因此，我国海域依然存在比较大的油气潜力。

近年来，一些致力于海洋油气资源战略调查与研究的科学家越来越注重在工作程度比较低的海域，运用新的寻找石油的思路与勘探技术方法，并且不断加快调查的步伐。尤其是海洋石油天然气地质研究中心非常充分地发挥了我国对从事海洋油气资源的战略调查、勘探开发单位及科研院所的力量，通过研究中心学术委员会各个科学研究者的集体智慧作为前提条件，展开了对我国海洋油气勘探与开发现状的详细调研。

科学研究者通过不断调查与研究发现，在黄海南部这个近海陆架上存在一个有着油气前景的大型叠合盆地。只是对于这一发现，人们一直没能寻找到开采的最佳方案。当科学研究者通过运用新思路与新方法，对黄海南部这个大型的叠合盆地展开了新一轮的油气资源评价，从而对黄海南部的地质构造特征以及油气资源远景有了新的、更深一步的认识。最终，科学研究者认为，中古生界是今后对黄海南部进行油气勘探的主要领域。为此，科学研究者还将黄北盆地及其中部隆起地区列入国家重点的战略区，希望能够在五年之内再获得更重要的寄存。

不仅如此，科学研究者还发现南海北部也是石油工业勘探开发的目标。因为南海北部陆坡分布的范围非常广，其面积大约为 21 万平方千米，该地区位于被动的陆缘深水区，是当今世界石油工业勘探开发的热点。若是能够对南海北部的这一区域展开油气资源调查与研究，将关键点放到其中部的石油与深部的天然气方面，并且将南海北部的陆坡以内的新生代沉积盆地与前新生代盆地列入国家油气

或天然气水合物的重点目标区，便可以为我国石油天然气问题的解决提供有效的手段。

对于台湾海峡西部这个近海油气勘察过程展开调查与研究比较晚的海域，人们至今还没有在石油、天然气方面有突破性的发现。但是，通过科学研究者在20世纪80年代对台湾海峡展开的近万千米的反射地震调查得出，在台湾海峡西部有可能具备形成中小型油气田的条件，据人们的推算，那里的油气资源达到了2.75亿吨。

因此，若想有效解决我国面临的石油资源紧缺的问题，就需要对更多未知的海洋油气展开调查与研究，建造更多的海上石油仓库。只有做到了这些，才能摆脱净进口石油的局面，令我国石油资源得到最大化的利用。

海上开发人工岛

自从20世纪60年代以来，人们越来越重视对人工岛的开发。在当时，日本建造的人工岛屿是最多的，人工岛屿的规模也是最大，比如神户人工岛海港与新大阪海上飞机场。同一时期美国与荷兰等国家也加大了对人工岛的开发。现在，迪拜有着世界上最大的人工岛群，不仅有三个棕榈群岛的项目，还有着世界群岛与迪拜海岸，特别是迪拜海岸的规模最大。以色列政府如今计划在特拉维夫、内坦亚与海法等地建造四个人工岛，并预计到2013年竣工。以色列政府建造的这四个人工岛，每一个岛屿都会有着2万人居住，除此之外，还有1万个职位空缺。对于以色列来说，这四个人工岛的建成，将有效缓解以色列诸城市人口过于稠密的情况。同样，荷兰人准备在北海建造人工岛；我国政府在珠澳口岸投资133.5亿人民币建造人工岛，这一人工岛的建造需要217.56万平方米的填海造地量，该工程包含了南与北两个标段的护岸工程、陆域形成工程、地基处理工程与交通船码头工程等。

海上开发人工岛，顾名思义，是在海上通过人工建造而不是自然形成的岛屿。人们在建造人工岛的过程中，通常是以小岛与暗礁作为基础，这属于一种填海造陆。人们时常将现存的小岛或暗礁加以扩大，抑或将多个自然的小岛进行合并；甚至有些时候，人们还通过独立填海打造出小岛，用其来支撑建筑物或构造体的单一柱状物，从而令其整体得到支撑。

在建造人工岛的过程中，首先要做的工作便是进行岛身的填筑。

人们通常运用到的方法是先抛填后护岸与先围海后填筑两种。先抛填后护岸这种方法比较适合用到海况比较好的海域，人们可以通过驳船运送土石料，到达海面填充位置直接抛填，直到最后才开展修建护岸的设施。而先围海后填筑的方法比较适合用到有着比较大风浪的海域。在操作的过程中，开发者必须要先将人工岛所需的水域通过堤坝圈围起来，留出一个必要的缺口，以方便驳船运送土石料进行抛填，抑或运用挖泥船进行水力吹填。

南堡人工岛

通常，护岸的结构会运用斜坡与直墙两种方式。斜坡式的护岸过程所运用的都是人工砂坡，并通过石块、混凝土块或人工异形块体对斜坡加以防护；而直墙式的护岸方式运用的是钢板桩或钢筋混凝土板桩墙。

在人工岛连接陆地的过程中，所运用到的交通方式通常是海底隧道或海上栈桥，这样只需要通过公路或铁路便可以实现运输；此外，还可以借助于皮带运输机、管道或缆车等设备进行运输。由于人工岛距离陆地往往非常远，又不会有大宗的陆运物资，因此，连接人工岛与大陆的交通方式常常是船舶运输。

事实上，早在我国明代嘉靖年间，便出现了有关于人工岛建造的文字记载。在江苏北部的滨海淤积平原之上，分散分布着许多高几米到十多米的土墩台残丘。这些墩台在古代被用来满足盐业、渔业与军事需要的。它们都是修建于潮间带的海滩之上，当出现涨潮的时候，这些墩台便会耸立于海涛之中。经过了岁月的洗礼之后，再加上海岸线不断地东移，那些并入到陆地的大量土墩台都被削平，只有一小部分依保存得非常完好。古人建造的土墩台按照不同的作用可以分为渔墩、潮墩与烟墩等类型。渔墩是指渔民在海上捕捞或养殖的过程中，用其作为候潮、淡水与食物贮存、渔具整理及躲避暴风雨所建造的临时活动场所。通常情况下，渔墩被建造在靠近低潮位的滩地上，通过滩土与贝壳堆积而成，在渔墩的台上还建有可以供人们居住的棚舍。随着海岸线的不断外移，渔墩成为沿海第一批新定居点。潮墩指盐民进行工作的地方，盐民们在那里可以躲避大潮或风暴，保证自己的安全。潮墩的高度通常在10米左右，在潮墩的墩顶超过了秋汛大潮与风暴潮的高潮位；潮墩的墩顶直径大约为17米，其底部的直径大约为30米，在其周栽种着榆树与柳树等树木，用这些树木起到墩土加固与抵御风浪袭击的目的。烟墩又被人们称为烽火墩，这是一种海防所需要军事设施。烟墩是在沿海的低潮位以外的滩地之上通过人工堆成的土墩。烟墩的高度大约在15～20米之间，每一个烟墩上会有2～5名士兵看守，一旦出现紧急情况，士兵们便会点燃烽火报警。

现代的人工岛有着十分广泛的用途，它可以成为停泊大型船只的开敞深水港，成为对起飞着陆安全、不会对城市产生噪声污染的机场，解决冷却与污染问题严重的大型普通发电站或核电站成为距离海岸不远的海上石油田与建行石油与天然气的加工厂成为海底煤、铁矿，抑或海上选矿厂与金属冶炼厂的场所，甚至还可以在人工岛上建造水产加工厂、废品处理厂及危险物品的仓库。与普通人关系最密切的是，人们可以在人工岛上建行海上公园与海上城市。

通常，在近岸浅海水域中建造的人工岛当作海上作业或其他用途的场所，它们大多数由栈桥或海底隧道连接到海岸。在现代工业比

较发达的诸多国家，由于沿海一带的人口十分密集、城市非常拥挤，严重阻碍了沿海城市的发展与建设，给沿海城市的交通、居住、水、噪声与空气污染等问题的解决带来了极大的阻碍。而人工岛的出现，极大解决了沿海城市所面临的问题，使得人工岛这一海洋空间的利用方式成为一种新兴的海洋开发工程。

建造海上渔场

在塞内加尔海域，曾经有欧洲的拖捞船展开长达四年的捕捞活动。如今，欧盟当局已经与塞内加尔签订了一份条约，为塞内加尔当局带来了非常稳定的收入，并使得每年在开发持续发展的渔业方面确保有 300 万欧元的资费。塞内加尔政府之所以会与欧盟签订这样的条约，是希望能够开发海上渔场或水产。对于塞内加尔而言，这方面的工程依然处于萌芽阶段，但还是需要更多的资源投入，从而实现每年平均的人消费量达到 30 千克。其实，对于非洲的任何一个国家来说，在渔业养殖方面都需要更多的投资，因为非洲国家的渔业自然生长速度一直都无法赶上人口快速增长的速度。相对于其他地区兴起的水产业可以供应全球 38％的鱼类产品消费的数量而言，在非洲某些地区仅仅有 2％。

若是能够建造出更多的海上渔场的话，便可以有效地解决非洲诸国家面临的上述问题。对于受保护的海区来说，那里将是保护鱼产卵与储量恢复的最佳地区，如今这些地区已经建立，还会有更多这类渔业保护海域建立。

海上渔场

在人们开发、建造海上渔场的过程中，主要利用了有两大方面的技术：

第一，通过卫星遥感的信息为人们提供渔场海洋环境方面的研究。其中所运用到的技术主要有水温反演、流隔研究、渔场小尺度的水文现象监测及叶绿素的浓度分析。其中，水温反演是指海洋之中的水分的温度与鱼类的生存、洄游存在的关系。生活在海洋之中的各种鱼类不仅有着最适宜的生存温度范围，并且还会随着季节的变化令各类鱼类进行适温的洄游。由于气象卫星可以为人们提供大面积海面温度信息，从而能够很好地为渔业生产进行服务。

流隔技术方面的研究主要是指在海洋之中存在着不同的流系，比如，暖流、冷水流、沿岸流等。这些流系之间所拥有的温度差异是非常大的，这种流系之间的温度差便被人们称为流隔。在流隔的海区，鱼群的活动范围变得相对减小，鱼类的群居密度大大增加，非常适合建造海上渔场。通过计算机对红外图像进行密度分割处理之后，人们便可以非常清楚地得出不同流系的分布情况、流隔所处的位置及摆动，从而为确定中心渔场提供了极大的指标。

渔场小尺度水文现象监测技术是指，利用卫星监测到渔场存在直径在几十到几百千米之间的中尺度与小尺度的冷水涡旋时，便可以在涡旋的中心位置附近建造海上中心渔场；而叶绿素浓度分析技术是指海洋捕捞资源都是建立在海洋初级生产力的基础之上的，也是通过浮游生物每年的产量，对浮游生物每年展开的产量测定，来大致推断捕捞资源的所具有的潜力。海洋叶绿素是对海洋浮游生物光合作用反映的重要参数，通过气象卫星，人们便可以获得海洋中的叶绿素存在的相对浓度分布情况。

第二，在建造海上渔场的过程中，将卫星遥感信息用到海洋渔场的相关性研究中去。这项技术所起到的作用，不仅可以确定海上渔场的中心位置、确定鱼汛期、开发外海的渔场，还可以开发出新的鱼种、推算出渔场所具有的生产力等。当下，运用气象卫星遥感海冰的技术，可以获得海冰的分布情况、海冰的类型、海冰的厚离、海水的漂流情况与冰缘线所在的位置等与海上建造渔场相关的参数。

因此，若能够充分利用上述技术，便可以打造出养殖量丰富的海上渔场，进而令鱼类资源变得更加充足。

将飞机场建到海上

全球最早建造出海上飞机场的国家是日本，早在1975年，日本便在海上建造出了长崎海上机场。长崎海上机场坐落于长崎海滨的箕岛东侧，机场的部分基地是利用自然岛屿作为基础，还有一部分则是通过填海建造而成的。在长崎海上机场刚刚建造时，其跑道的长度为2500米，之后又朝北扩建了500米。如今，长崎海上机场的跑道长度达到了3000米，其填土石量达到了2470万立方米。除了长崎海上机场之外，日本还建造了现代化的大型海上浮动机场，即关西新机场。关西新机场位于大阪湾东南部距离海岸5000米的泉州海上，该机场有飞机着陆地带、海上设施地带、沿海设施地带、连接飞机主副着陆带的飞机桥及机场与陆地连接的栈桥等部分。这座海上浮动机场将巨大的钢箱焊接到许多钢制浮体上，让浮体半潜到海水之中，并且让钢箱超出海平面作为机场，再用锚链系泊在海上。其中，飞机主着陆带的总长度达到了5000米，宽度为510米；副着陆带的总长度为4000米，宽度为410米；该海上机场的海上设施带长度为3500米，宽度为450米。日本人建造的这座关西新海上机场是当今世界上最大的浮动式海上机场。

除了日本建造了海上机场之外，英国伦敦也建造有海上机场，伦敦的第三机场也是建立在人工岛上。美国的纽约拉瓜迪亚机场同样是建立在海上的，拉瓜迪亚机场是通过钢桩打入海底建立的桩基式的海上机场。

日本首个海上机场

当下，全球一共有十多个海上机场，通常情况下，海上机场的建造方式主要分为填海式、浮动式、围堤式及栈桥式四种。位于斯里兰卡的科伦坡机场便是将800万立方米的沙石填入到15米深的海中建造而成的。此外，日本的东京国际机场同样也是通过岸边填海建造而成的；美国的夏威夷机场与新加坡的樟宜国际机场也是运用填海造地的方式修建而成的。浮动式机场是指漂浮于海面上的一种海上机场，上面讲到的日本关西机场便属于这种方式建造的。围堤式机场是指在浅海的海滩之上修建闭合式的围堤之后，再将堤内的海水抽干，并且在海底修建出来。这种方式修建的机场没有海平面高，其建造所需要的成本也没有填海式与浮动式机场高。不过，围堤式海上机场却存在一个致命的缺点，那便是围堤被毁水淹的情况下，机场便会遭遇灭顶之灾。因此，这类机场至今还没有开工建造。最后一种海上机场的方式是栈桥式机场，这种海上机场所采用的是栈桥建造技术，即先将桩打入海底，之后再在钢桩上建造超出海平面一定高度的桥墩，最后在桥墩之上建造飞机场。

随着海上机场的不断建立，使得飞机的运输与降落拥有了更加广阔的范围。

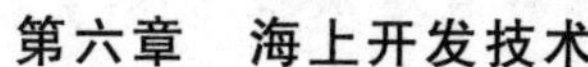

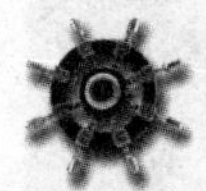

建造海上城市

海上城市是现代人构想中的一种未来城市。人们建造海上城市是对人类居住问题的一种解决方式。现在已经有人设计出了一种锥形的四面体，这种四面体的高度在20层楼左右，它会漂浮在浅海与港湾之间，通过桥梁与陆地连接到一起，实际就是一种特殊的人工岛，运用这种设计建造出来的每一座海上城市可以容纳的人数在3万左右。现在，美国在距离夏威夷不远处的太平洋上修建了一座海上城市，这座海上城市的底座是一艘高度为70米、直径达到27米的钢筋混凝土浮船；而日本方面也在积极开展人工浮岛的计划。

能在大海上有一处仙山琼阁一直是古代人的梦想，能够在海平面上升起一座海市蜃楼更令无数人心驰神往。建立于人工岛之上的海上城市有着十分充足的科学依据，在不久的将来便会变成现实。在海上城市内，不仅会有宽阔的街道与繁华的商场，还会有供人们办公与居住的高楼大厦，更会有各种各样的旅馆、饭店、书店、会议中心、娱乐中心、图书馆与广播电台等人类所需的各种设施。除了这些人类所需要的各类设施之外，海上城市还有陆地城市无法媲美的海域风光。建造海上城市，不仅可以解决未来人类居住的难题，更能够为人类提供更高质量的生活。

正所谓："靠山吃山，靠海吃海。"对于我国海港城市天津来说，聪明的天津人运用其智慧将对海洋的利用发挥到了更高的程度。天津人不仅将海洋中的各类海鲜搬到了餐桌之上，还将各类海产品进行加工，甚至出口到国外。尤其是有一些天津人已经向大海索要生活空间了——在海上建造城市。

海上城市想象图

早在20多年前，便有一位富有胆识远见的天津人联想到了通过填海造陆的方法向大海要土地的方案，以此扩大天津港的面积，有效提升进出口货物的吐吞量与作业水平，从而将天津港打造成拥有现代化管理理念的国际大港。

有了这样的想法之后，便要将想法付诸实施，这也是每一位成功者最终取得成功的必要条件。经过一点点的填埋，有着30平方千米规划面积的东疆港区逐步展现在人们的面前，使得天津港的面积不断增加。截止到2010年，预计建成的30平方千米的陆地全部填埋完成。在这个港区之上将建起一座集装箱码头装卸、集装箱物流加工、商务贸易与生活居住、休闲与旅游五大功能俱全的海上城市。

当位于东疆港区内的4平方千米的东疆保税港区实施之后，将有接近11万平方米的八座单层仓库与13.2万平方米的六座双层仓库投入使用，运用这些仓库可以展开现代化的进出口货物加工、配送、采购、换装及分拨等各项业务。这样便可以为国内外的第三方物流公司、国际班轮公司与采购商以及加工制造企业提供非常先进的设备、非常齐全功能与优惠便捷的服务。与此同时，天津东疆保税港区还可以按照全国综合配套的改变试验建设的相关要求，能够做到在机制与体制创新等诸多方面的先行先试工作，并积极地将东疆保税港区建设成我国第一个自由贸易的港区。

如今，已经周密计划的海上城市将出现于美国的夏威夷群岛附近的太平洋岛屿及日本附近的海洋表面。由于海上城市所具有的独特魅力，它一定会成为未来人们纷纷向往的去处。

第七章　海底的开发

随着各类海洋资源越来越多受到人们的关注，海底开发也不断成为人类发展追求的目标。但是，若想更好地对海洋水下实施开发，首先需要人们对海底世界有一个全面的了解，只有在对海底盆地、海底山脉、海底峡谷及海洋的地壳这些海底的结构有所了解之后，才能更好地实施海底开发，帮助人们从海底获得更多人类所需要资源。

 奇妙无比的海底山脉

常言道："人有脊梁，船有龙骨。"正是因为如此，人们才能立于天地之间，船舶才能行驶于大海之上。然而，却很少有人知道在海洋之中同样也有"脊梁"的存在，人们将存在于海洋之中的脊称为海洋的脊梁。存在于海洋中的脊又被人们称为中洋脊、中隆或中央海岭，它是海底之中比较狭长绵亘的高地，这一海底高地连接着太平洋、印度洋、大西洋及北冰洋，长度达到了8万千米。在科学研究者设计出的板块构造模式中，运用大洋中脊的顶部标出了海底扩张的轴线，属于分离型板块的边界。大洋中脊不仅是巨大的海底地形单元，更是最为重要的海底构造的组成部分。

海底山脉

有关大洋中脊是如何形成的的问题，科学研究者们给出的最典型的答案是海底扩张说与板块构造说。这两种学说都指出，中脊的轴部是海底扩张的中心，由于热地幔中的物质不断沿着脊轴上升而形成新的洋壳，因此，在大洋中脊顶部的热流值非常高，也是火山频发的地带。实际上，大洋中脊的隆起部分是由脊下物质通过热膨胀而形成的。由于受到地幔对流的作用，使得新形成的洋壳自脊轴朝着两侧不断扩张与推移。在新洋壳不断扩张与冷却的过程中，存在于软流圈顶部的物质渐渐变得凝固，并转化成岩石圈，从而导致了岩石圈随着不断远离脊顶而不断增厚；而冷却凝固则又随着密度不断增大、体积不断缩小，使得洋底的岩石圈在扩张增厚的过程中不断下沉，进而形成了轴部高、两侧低的巨大海底山脉。

早在19世纪70年代，有一艘来自英国的“挑战者”号调查船开展环球考察，当这艘调查船行驶到北大西洋中部时，意外地发现了那里有一条巨型的海底山系。不过，一直到1925～1927年之间，人们才通过来自法国的“流星”号调查船所安装的回声测探仪，对大西洋水深进行了十分详细的测量，并证实了在整个大西洋的底部纵横列着一条长达1.7万千米的大洋中脊。后来，美国海洋研究者于1956年才进一步指出在世界各个大洋的底部都存在大洋中脊。

海洋之中的大洋中脊主要分布于大西洋之间，其走向与大西洋东西两岸大致平行，以S形纵贯南北。由于这条巨大的海洋山脉犹如大西洋的脊梁一般，因此，人们为其取名为大西洋中脊，也称中大西洋海岭。大西洋的中脊从北极圈附近的冰岛开始，一直曲折蜿蜒直到南纬40度的地方，其长度将近2万千米，宽度大约在1500～2000千米之间，大约占到大西洋的三分之一。

印度洋的洋脊通常也是居于其中间位置，并且存在三条分支，呈现出的是人字形分布，被人们称为印度洋中脊。存在于印度洋中脊中的三条分支分别为中印度洋海岭、西南印度洋海岭及东南印度洋海丘。

太平洋的洋脊则分布在其东部，并且两坡比较平缓，又被人们称为东太平洋海丘。

大西洋、印度洋及太平洋的洋脊北端都伸入大陆或岛屿，而南端则彼此紧密连接到一起。其中，大西洋中脊朝北延伸，并穿过冰岛与北冰洋的中脊交汇到一起。

各大海洋中脊呈现出来的形态如下：海洋中脊的峰呈现出来的是锯齿形，其大洋中脊体系围绕着地球绵延几万千米，宽度则达到了几百乃至几千千米，总面积大约为整个海洋总面积的三分之一，是所有陆地山脉的总和。虽然大洋中脊都比两侧的洋底高，但是大洋中脊的高度却是不尽相同的，其中一部分超出海底5000多米，海洋中脊的平均高度都超出了海底3000多米。各个海洋中脊顶部的平均水深大多介于2500～2700米之间，只有局部会露出海平面成为岛屿，比如冰岛。在海洋中脊顶端所覆盖的沉积物都非常薄，还有一部分是的沉积物缺失，其地形也是凹凸不平的。那些次一级的岭脊与谷地相间排列，并且与海洋中脊走向呈现平行延伸的趋势。在大洋中脊的两侧通常是由海山群与深海丘陵组合而成的。从中脊的顶端朝着两缘的地带，由于沉积层不断加厚，使得地形的起伏也渐渐变得平缓，从而朝下过渡成深海的平原。大洋中脊最典型的特性是纵向延伸的中央裂谷与转换断层。由于在大洋中脊的轴部时常会发生地震与火山，因此，那里又被人们称为活动海岭。总而言之，大西洋中脊与印度洋中脊所拥有的地形非常崎岖，而东太平洋海丘则相对比较宽阔平坦。

海洋地壳

在海洋的底部存在着这样一层薄壳，它便是海洋地壳。大家都知道，地壳是由岩石组合而成的固体外壳，也是地球固体圈层的最外层。海洋之中同样存在着这样的最外层，并且海洋地壳大约占到地球表面的三分之二。那么，存在于海底的这层薄壳又是如何形成的呢？

持板块学说观点的科学研究者指出：存于地海洋底部的地壳是在中洋脊的位置产生的。从地幔冒上来的炽热岩浆在与温度较低的海水发生接触后，便会在短时间内在海床上凝结成枕状玄武岩，这层比较薄的玄武岩便形成了最初的海洋地壳。一旦在中洋脊的位置形成了新的地壳之后，新地壳便会将以往形成的地壳推向两侧，并让海洋地壳得到持续的扩张，而被推开的地壳不断冷却、增厚，使得海洋中距离中洋脊越远的地壳，其厚度与年龄便越大。

当海洋的地壳形成之后，随着板块的移动离开中洋脊，海洋的沉积物便开始堆积，这些海洋沉积物不仅有来自于大气、海水流动带来的陆地沉积物，还有来自于海洋中大量生物的沉积物。只是海洋沉积物的厚度有着极大的限制。随着海洋地壳与大陆越接近，其来自于陆地的沉积物便会越多。

据海洋学家的研究，在地球表面上的海洋地壳的年龄最老的也不足200万年。环太平洋的诸多海沟都有着海洋地壳生命终结者的身份，海洋地壳也正是在那里完成了其生命的整个过程。

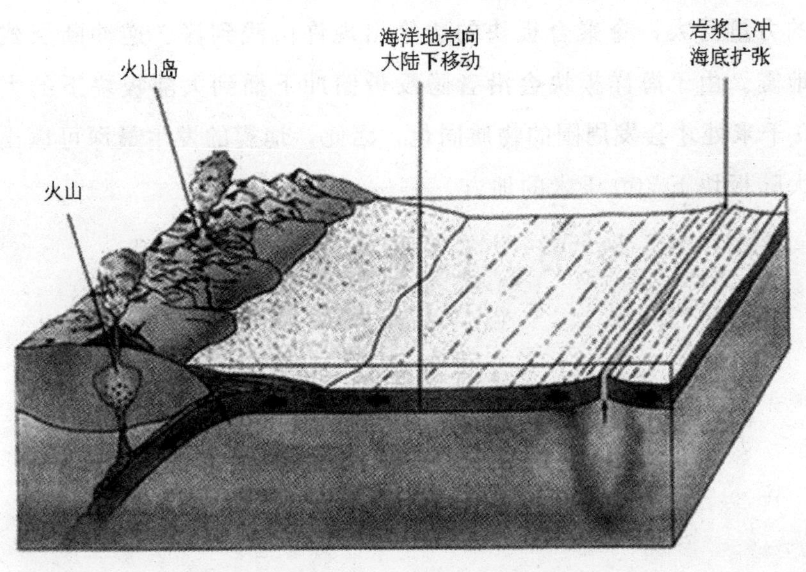

海洋地壳向大陆地壳挤压示意图

在海洋地壳中主要的成分便是岩石圈，这些岩石圈主要是由密度比较大的硅镁质岩石构成，其比较偏向于基性。相对于大陆地壳而言，海洋地壳中的硅酸盐成分比较少，其密度却比较大，平均密度大约为 3 克/厘米^3，而大陆地壳的密度仅仅只有 2.7 克/米^3。因为海洋地壳的密度比较大的缘故，依据地壳均衡学说可以推断，海洋的地壳是无法像大陆地壳那样在地幔上浮得非常高的。

存在于海洋地壳中的主要组成物质是玄武岩，其地壳的厚度大约在 5～10 千米之间。在海洋的中洋脊处则是由来自于深部的岩浆涌出来而产生的海洋板块，在浅处是玄武岩，在深处是辉长岩。在海洋地壳之上最大的当属太平洋海板块，其他的都是一些比较小的板块。依据海底扩张学说，人们可以得知，海洋板块以 2 厘米每年的速度不断向外部扩张，一直到其与大陆板块边缘相交处。因为海洋板块比较重，所以它会隐没到大陆板块之下并产生聚合板块的边缘。聚合板块的边界是由两种不同性质的板块发生碰撞所产生的挤压而不断累积形成能量，这种能量如果超出了岩石所能承受的极限，使得累积的能量在一瞬之间爆发出来，就会导致地震的发生。由于碰撞的力量巨大，令聚合板块的边缘出现许由浅到深、逆冲断层式的大地震。由于海洋板块会沿着隐没带俯冲下插到大陆板块下的大约700千米处才会发周围的物质同化，因此，地震的发生最深可以出现在大陆板块下700千米的地方。

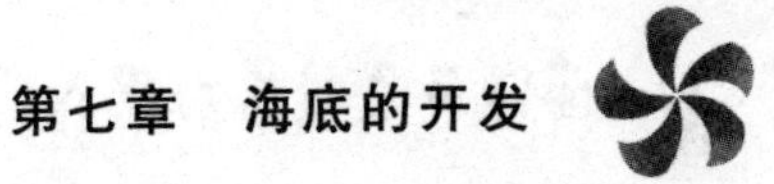

海底的盆地

见到过大海的人都会对海洋表面的善变产生极深的印象，甚至会因此认为海洋深处一定也像其表面那样，时而风平浪静，时而又会波涛汹涌。事实真的如此吗？在海洋的深处也是变化不停的吗？答案是否定的。海洋的深处并不像海洋表面那样善变，而是非常平静的地带。海底世界的变化是漫长的，海洋的底部存在着诸多低平的地带，在这些低平地带的周围是相对比较高的海底山脉，人们将这种与陆地上的盆地结构非常相似的构造称为大洋盆地，简称为海盆或洋盆。大洋盆地是构成大洋底的主要部分，其深度通常在2500～6000米之间。那么，存在于海洋底部的大洋盆又是如何形成的呢？它有着什么样的特点呢？

随着现代科学技术的不断进步，深海钻探技术也得到了高速发展。运用深海钻探技术，可以帮助人们对海底沉积物的类型与变化加以了解。通过一些科学研究者的钻探结果可以发现，世界各地的大洋洋底的地壳都十分年轻，通常不到2亿年。大家都知道，海洋已经在世界上存在18亿年了。为什么地球上的海洋会如此古老，而大洋洋盆的盆底却是如此年轻呢？这一问题一直困扰着无数的科学研究者。

大陆漂移说的创始人魏格纳曾经指出，在2亿年前曾经存在着一块连接在一起的古大陆，而在这块古大陆的周围存在着一个泛大洋，之后，古大陆分裂成几个大碎块，并发生了各自的漂移到如今大陆的位置。事实上，现在的太平洋比古代的泛大洋已经缩小了许多。通过这一理论，人们不难发现，大洋的盆底从中间裂开后，在盆底的裂开处涌出了大量炽热的岩浆，当这些炽热的岩浆遭遇到冰冷的海水之后，立即凝固成岩石。由于在裂口处不断有岩浆涌出，导致了新出现的地层，将之前生成的老地层朝着周围不断地挤压，经过了上亿年的发展演变之后，便形成了如今这种海底周边岩石的年龄最大、洋底岩石的年龄最小的情况。事实上，由于地壳的演变过程自从地球出现之时起便一直没有停止过，在漫长的地质年代过程中，那些塌陷的部分不断形成人们现在所看到的大小不一的海洋盆地。

地球之上最大也是最深的大洋盆地当属太平洋洋盆，这一大洋盆地分布于大洋洲、亚洲、南极洲及美洲之间，加上属海的面积占到了将近 18135 万平方千米，不含属海的面积为 16624 万平方千米，它大约占到地球总面积的三分之一。太平洋洋盆从南极大陆海岸一直延伸到白令海峡，其跨越的纬度为 135 度，南北最宽的地方达到了 15500 千米。

在地球之上的第二大洋盆是大西洋洋盆，大西洋洋盆也是全球最长的洋盆，分布在欧洲、非洲及美洲之间，南端与南极洲相连，北端则连接北冰洋。大西洋洋盆的形状细长，呈S形。

世界上最复杂的大洋盆地是印度洋洋盆，分布在亚洲、非洲、大洋洲及南极洲之间。印度洋洋盆呈现出来的形状是扁平的，其东西方向比较长，南北方向比较短，大部分的洋盆都位于赤道周围。

分布在欧亚大陆与北美大陆之间的洋盆是北冰洋洋盆，北冰洋洋盆大致以北极中心，呈现出来的形状是椭圆形。

海底峡谷的形成

若是乘着潜水器到达海底，人们就会发现，从大陆架一直顺着大陆的斜坡分散分布着一道又一道的裂谷，这便是海底峡谷，又被称为水下峡谷。存在于海洋底部的峡谷蜿蜒弯曲，还存在一些支岔。峡谷的底部是朝下倾斜的，往往从浅海的大陆架或大陆坡上部一直延伸至水深达到2000米以上的大陆坡底端，这也使得海底峡谷比在陆地上的山涧峡谷更加雄伟壮观。

海底峡谷

海底峡谷是如何形成的呢？自古以来，人们对于海底峡谷形成原因有着多种多样的解释，其中最具代表性的峡谷形成假说有海浪冲刷、海啸侵蚀海底、大陆架基底断裂、浊流侵蚀及海底沉积流等学说。

最初，人们认为海底峡谷的形成是海浪冲刷的结果。大家可以想象一下：海浪有着十分巨大的能量，这种巨大的能量势必会对海底产生巨大的冲刷作用。由于长时间的冲刷，使得海底峡谷形成。不过，这种学说刚刚被提出来，便遭遇许多科学研究者的质疑。在这些科学研究者看来，海浪是不可能对海底造成如此巨大的影响的。尽管大海表面时常是狂风怒吼、波浪滔天，但是海洋的底部却是非常平静的，巨大的海浪是不可能对几百米以下的海底产生任何影响的。

一些人指出，由于地震的出现而引发的海啸侵蚀海底，进而形成了海底峡谷。但是，这种学说依然是缺乏足够的科学依据的，因为在没有受到海啸袭击过的海底也有海底峡谷，况且，巨大的海底峡谷单单靠海啸的冲击是根本无法形成的。因此，海啸造成海底峡谷形成的学说依然是难以令大家信服的。

于是，一些人又提出了假想，认为海底峡谷有可能是因为大陆架基底原始断裂之后不断演化而形成的。这种学说提出后，立即得到了诸多研究者的支持。不过，这种学说依然只是停留在推断上，并没有充分的科学证据予以证明。

20世纪40年代，有一种海底峡谷形成学说被提出，它便是浊流侵蚀说，认为海底峡谷是浊流侵蚀作用的结果。这一学说非常具有代表性。荷兰的某海洋地质学家为了证实海底浊流有着极强的冲击力，运用人工的方法在水槽中做试验，通过模拟海底在清水底下流动的浊流证明了自己的推断。1929年纽芬兰大滩地震后，存在于纽芬兰海岸外的海底电缆在一夜之间沿着陆坡朝下依次折断。1952年，美国海洋地质学家通过研究，发现电缆折断很有可能是受到了强大的海底浊流而导致的。与此同时，美国的海洋地质学家们还依据海底电缆依次折断的时间，计算出了令海底电缆发生折断的浊流在坡度最大处的流速高达28米/秒，即便是在浊流到达6000米的深海平

原，它的流动速度也不低于4米/秒。美国海洋地质学家的这一发现又为浊流侵蚀说提供了证据。随后，人们又在大陆架的外缘与海底峡谷的谷底发现了朝下游移动的沙砾与流痕，这一发现充分说明了在海底的峡谷之中曾经发生过极大的浊流。不过，即使是浊流有着很强的侵蚀能力，但就规模巨大的海底峡谷规模而言，仅仅依靠深海浊流，是不是真的可以切割出深度达几百千米甚至几千千米的海底峡谷是令人怀疑的。特别是诸多谷壁都是非常坚硬的岩石，若想在这样的环境下形成峡谷是一件非常不易之事。因此，虽然海底浊流很有可能是导致海底峡谷形成的原因，但它却并不是唯一的原因。

还有一种被大多数科学研究者认可的海底峡谷形成说，那便是海底峡谷是因为大陆坡上的沉积层在地震的影响下，沿着大陆的斜坡滑动时，所产生的沉积流而形成的海底峡谷。这种学说认为：当世界还处于冰川时代时，海平面明显下降，大陆架便成为了大面积的浅水区。因为受到了风暴与浪潮的作用，那些浅水区的泥沙被海浪卷起而形成了比重比较大的沉积层。当这种沉积层受到地震的强烈影响时，犹如一股巨大的激流自大陆架流出，并沿着大陆坡流到了大洋底部。由于在地震频发的地带大都在大陆坡上，地壳的断裂便形成了海底峡谷的雏形。接下来，强大的海底沉积流又沿着海底裂缝不断滑动，时间久了之后，便形成了当今的海底峡谷。

海底峡谷的种类

与陆上峡谷一样，存在于海洋底部的谷地也有多方面的形成原因。正是因为如此，并不是每一种海谷都可以被称为海底峡谷。海洋底部的谷地横剖面呈现出是V形或U形。海底峡谷的谷壁不仅险峻，而且还带有阶梯状陡坡、谷底的小盆地及高低不等的横脊。大多数的海底峡谷都是蜿蜒且有分支的，在其谷壁上裸露着大量的岩石。通常情况下，海底峡谷都切割于花岗岩层或者玄武岩层中，只有一少部分呈现直线形的轮廓。只有少数的海底峡谷是延伸到大陆架与漂流相接处的，并且具有河谷的特点。它的形成主要是通过构造因素与海底浊流的侵蚀作用。在大陆坡地带的海底是地壳最活跃的地带，当大陆坡形成的过程中存在一系列阶梯状断裂与垂直大陆坡走向的纵向断裂构成了海底峡谷的雏形，最后通过浊流与海底滑坡的修饰改造，便有了海底峡谷现在的模样。

大多数的谷壁都超出谷底几百甚至几千米，最长的海底峡谷长度达到了400多千米，大多数都小于48千米，并且延伸到了大陆坡最陡的部分的坡麓以外。还有一些海底峡谷的宽度与其深度是相等的。有着最深切割的海底峡谷是巴哈马峡谷，巴哈马峡谷的谷壁高差达到了4.4千米，这也是那些陆地上的大峡谷无法相比的。

陆地上的峡谷的谷底坡降都没有海底峡谷的谷底坡降大，海底峡谷的谷底坡降平均大约为每千米下降570多米，在很多海底峡谷近岸部分的坡度都非常大，甚至有一些达到了45度。根据潜水舱在某海底峡谷中2100米以下的深度观察得出：海底峡谷大都是直立的，甚至有垂悬的谷壁；在谷壁上时常有沟槽或磨光面，这些磨光面犹

如被冰川研磨一般；在谷底时常有着大砾石或其他粗粒沉积覆盖，只有局部地方有基岩裸露；通过遥控摄影发现一些地方在3千米以下还存在波痕。

对于海底峡谷而言，按照其物理特性可以分为海底扇形谷、大陆架沟渠、冰蚀槽及深海峡四种类型。海底扇形谷是从峡谷的谷口朝外扩张的，谷口的主要组成部分是海底沉积物。这些沉积物的形成大都为扇面形，在很多情况下，是海底峡谷谷底的延伸。另外，扇形谷的谷壁两侧是陡坡，其高度大约为200米。大陆架沟渠是一种穿越了大陆架的比较浅的谷地。这种类型的海底峡谷的谷壁高度通常在183米以下，并且其沟渠大都分布于大陆架边缘的盆地位置。其实，这种陆架沟渠式的海底峡谷在海底并不多见。冰蚀槽这种类型的峡谷大多位于冰川侵蚀海岸外的大陆架上，此种海底峡谷的深度大都高于183米。在冰蚀槽的底部还存在一些面积非常小的盆地与一些分支。通常情况下，冰蚀槽的宽度大约为80千米，其深度大约在500～600米之间。深海峡这种类型的海底峡谷大多分布于海洋深处的海底，它的剖面犹如水槽一般，这种海底峡谷的走向不是与大陆边缘平行，就是与大陆边缘交叉。

在海洋深处不仅仅有海底峡谷的存在，还有一些海底谷地存在。在大型的三角洲前端通常会存在许多横剖面呈现U形、谷身平直、没有太多分支的稀少谷地，被人们称之为三角洲前缘槽。这种海洋谷的形成原因与海底峡谷非常相似；出现在海底扇上的扇谷，也被人们称之为深海谷，它们的深度通常比较小，谷底相对比较平坦，在其谷壁上并没有基岩裸露，这种海谷通常是海底峡谷或三角洲前缘槽的向海延续。还有一些深海谷是朝上延展的，其走向大多与海岸线平行，比如从巴芬湾朝南一直延伸到北美海盆的中大西洋深海谷。在海底还有一些存在于大陆坡上的微微弯曲、有着比较少的支谷的浅小海谷，这种海谷被人们称为坡沟，此种类型的海谷主要是由块体滑塌而形成的。当海底发生断裂下陷时，又会形成一些槽形谷，这种海谷的特点是谷壁平直、底部宽阔。

由此可见，在海洋深处有着多种类型的海底峡谷与海底谷地的存在，不同的海底谷有着不同的特性与形成原因。人类若想更好地去开发海底资源，首先就必须要对这些海底的构造有所了解，这样才能做到有的放矢。

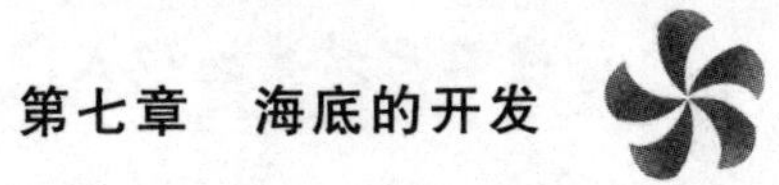

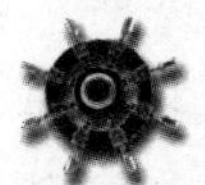

发生于海底的风暴

1976年1月16日，一艘挪威的运输船在海平面上行驶时，没有任何大风与海浪，却突然消失于大海之中。四年之后，又有一艘从美国洛杉矶到我国青岛的货船，在行驶到日本“龙三角”海域时，却突然向外界发出了求救信号。然而，没有等到救援人员的到达，这艘货轮在很短的时间内消失在海洋之中；没过几天之后，又有一艘来自希腊的货轮消失于岛崎以东大约1千米的地方。

海洋上行驶的船只连连消失，可没有人能够解释是什么原因导致了这些船的消失。若是说由于船只比较小，没有强大的抗风险能力的话，长度比两个足球场还要长的德国超级油轮“明兴”号却于1978年12月7日在驶向美国的途中。依然没有避免这类事件的发生，巨轮与上面的工作人员也是在瞬间消失于海洋之中，最终人们只找到了一只非常破烂的救生艇。

不仅仅在海洋表面出现多次船只失事的事件，在海洋水下同样也有军用潜艇失踪的情况发生。曾经在1963年4月，美国海军核潜艇“鞭尾鱼”号在其行驶到英格兰近海时却神秘失踪；1968年5月，美国海军核潜艇“蝎子”号在行驶到大西洋亚速尔群岛附近时同样也神秘失踪；比美国“蝎子”号早一个月的以色列海军潜艇“达卡尔”号在行驶到地中海时也神秘失踪；大约在这个时间内，来自于法国的潜艇“智慧女神”号在西地中海消失。在20世纪，这些潜艇有着十分先进的技术，但是在消失之前，却并没有哪艘潜艇向外界发出求救的信号。

除了神秘消失于海洋之中的船只与潜艇之外，在20世纪80年代，挪威沿海的一个半岛上举行的高难度的悬崖跳水表演过程中，三十名跳水运动员跳入海中后，没有一个人再露出水面。海岸工作人员立即展开了救援，但是却没有收获。第二天，又有两名经验丰富的潜水员佩戴着安全绳与通气管前往海下搜索。不过，当安全绳刚刚下放到5米的时候，便出现一股强大的力量将两名潜水员与安全绳、通气管、船上的潜水救护装置全部拖入海底。之后，又有微型探测潜艇前去救援，但依然是一去不返。

最终，悬崖跳水的主办方只能向美国请求派海底潜水调查船前来帮助搜索。美国方面派地质学家毫克逊担任主要领导。当毫克逊在电视监视器前不断地搜索海底时，突然发现在距离潜水调查船不远的地方存在一股强大的潜力，而在这股潜流之中有那三十名跳水运动员及两名潜水员的尸体，还有微型潜艇。毫克逊被眼前的这一幕惊呆了，他想，是不是在海底真的隐藏着什么玄机？

20世纪中期，曾经有来自于世界著名的海洋科研机构的科学研究者对大洋底岩芯展开了研究，还有美国伍兹霍尔海洋研究所的著名海洋地质学家霍利斯特同样展开了此项研究。经过研究，科学研究者发现，在海洋底部存在着一种波状结构，并且存在于海底的地形是被冲刷成大片光秃秃的岩石与沟壑。这一发现让科学研究者产生这样的想法：海底只有受到快速运动着的水流冲击之后，才有可能导致这种现象的出现。否则，便没有原因可以解释这一现象。之后，科学研究者便通过这种想法提出了一个非常大胆的学说，即海洋底部有着风暴的存在。

海底风暴的假说直到1963年才被正式提出。这种假说的提出，在当时科学技术水平还不发达的社会，只能引来很多人的嘲笑。最终，尽管提出者非常坚信自己的观点是正确的，但是，海底风暴的假说在一片指责与嘲笑中不了了之。

当海洋沉船事件、潜艇消失事件不断发生时，人们对海洋有了各种各样的猜想。一些人认为，在海底一定存在一个巨大的磁铁矿，

是使海洋表面船只无法正常行驶的元凶，在强大磁场吸引力的作用下，船只被吸到了海底。一些人认为，之所以会出现这样的事件，是由于这些事件大多发生于冬季，水温与气温之间相差20摄氏度，海面之上时常会产生上升的强气流，激发起海面上的巨大三角波浪而导致这些事件发生。一些人认为，在天体之中，处于晚期的恒星都有着比较高的磁场，还会出现超密度聚吸的情况，尽管人们无法看到这种现象，但是强大的力量却可以将所有运行在海平面上的船只吞噬。一些人则认为，沉船事件是由次声引起的。虽然人们无法听到次声，但是它却有着非常强大的破坏力，使得船只颠覆。除了这些观点之外，还有一些人提出了是由于外星人与气泡的原因引发了一次又一次的海洋事件。

虽然有关于海洋事件有着多种多样的说法，但是这些说法没有一种可以真正说服人心。到了20世纪末，人们才开始真正接受“海底风暴”的假说。从那时起，便有一些科学研究者投入了这方面的论证之中。

我国的海洋研究者自从20世纪70年代以来便对海底风暴产生了极大的兴趣。不过，他们认为将出现于海底的这种现象称之为风暴并不恰当，而应当将其称之为海底激流，并且从物理学的角度对其加以论证。经过多年的研究，这些海洋研究者依靠自身在物理学方面的理论基础，再加上其所积累的潮汐经验推断出，潮流场辐合区可以令海水出现大量的堆积，随着沉积物的不断堆积，海洋的水位便不断上升，进而令势能得到极大的集中，在巨大的压力作用下，这些海水便从流速几乎为零的海底某些区域瞬间释放出来，从而形成了海底风暴，也就是海底激流。

不过，若想证实在海洋的底部确实有海底激流的存在，还需要人们通过观测得到准确的数据加以证明。经过观测与研究，一些科学研究者提出假设：若是一条可以让车辆正常通行的公路被掏空之后，路面以下的路基一定会因为受到压力的作用而出现突然塌陷的情况，海底激流所导致的后果与掏空的公路发生坍陷是一样的。由于受到特殊条件的影响，使得潮流得到辐合，因为海水不断堆积，使得海水的水位不断上升，存在的势能便会不断增加。由于海洋底部无法承受上层海水有着如此巨大的压力，在海底比较薄弱的位置势必会发生断开，在极短的时间内，大量的海水便会流入，此时在海水堆积的区域便会形成负压，从而形成海洋陷阱。若是当陷阱的面积足够大时，一旦有船只从陷阱处经过，便会令船只瞬间失去浮力，并陷入到海洋深处。当陷阱的面积足够大时，刚好经过此地的船只就会失去浮力，陷进海洋深处。

在水比较浅的海域，海底激流的发生面积往往不会太大，由其引起的海洋陷阱也不会太大。不过，在海水比较深的深海海域或大洋海域，一旦具备了潮流幅合的条件，若是刚好有从此经过的船只，那么落入海洋陷阱是在所难免的。同样，在海洋水下作业的潜艇在遭遇海底风暴时，同样会在短时间内迅速下降几十米。若是激流持续的时间比较短，当激流过去之后，潜艇又会自动上浮。不过，若是潜艇的操作者没有正确认识到海底激流，便会快速启动耗氧气极高的内燃机动力，希望能够达到快速上浮的目的。事实上，这往往会起到适得其反的效果。

一次又一次发生于海洋之中的沉船事件、潜艇消失事件真的是因为海底风暴或者说海底激流造成的吗？直到如今，人们依然无法很肯定地说是这种原因造成的。因此，若想弄明白其中的真相，或许还需要花上一段时间。

修建台湾海峡隧道

从20世纪40年代起，便有一些科学研究者产生了修建海峡通道的想法。20世纪80年代，我国著名桥梁专家唐寰澄与地质学家姜达权等人写了报告，提出在三峡工程之后，展开对台湾海峡与琼州海峡隧道的论证工作。唐寰澄与姜达权等人的提议得到了批准。转眼间，十年时间过去了，来自清华大学的著名工程专家吴之明再次提出了修建台湾海峡隧道的构想。随后，在我国大陆、台湾地区等科学研究者的推动下，在厦门召开了第一次台湾海峡隧道论证学术研讨会将此项工程的论证提到了日程之上。

建造台湾海峡隧道即将台湾海峡东西两侧的中国大陆与台湾岛连接到一起，直到今天，这项工程设想还只是一种设想，并没有进入实质性的阶段。在设想的过程中，这条海峡隧道的全长度大约为125千米到150千米，预计这项工程的造价在4000亿～5000亿人民币之间。2005年11月，科学研究者们在福州召开的第五次台湾海峡隧道论证学术研讨会上，探讨了建造世界上最长、有着巨大建设难度的海峡通道的可行性。

在对台湾海峡隧道的设想中，科学研究者们设计出了四种路线方案，即北线、第一条中线、第二条中线与南线。其中，北线是从福建省平潭岛东澳村到台湾省新竹市南寮，这线路线的全长仅仅只有68海里，大约等于126千米，属于四种路线方案中最短的路线，也是被诸多研究者最认可的首先路线。这条路线的水深为50～60米之间，最深不超过80米，属于浅海地区，这一路线设想为跨越海峡的桥梁工程提供了实施的可能性。第二种路线是第一条中线，这条路线从福建省莆田市南日岛到台湾省苗栗县。第三种路线为第二条中线，这条路线从福建省石狮市到台湾省南投县。第四种路线是南线，该条路线从福建省厦门市到台湾省嘉义市，途经金门、澎湖列岛这种路线的全长大约为 174 千米。

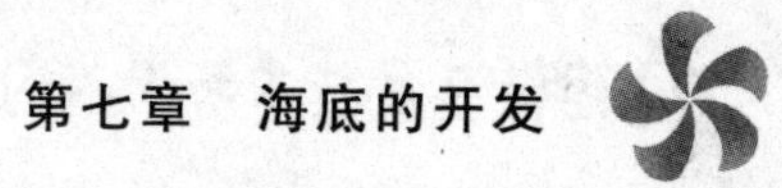

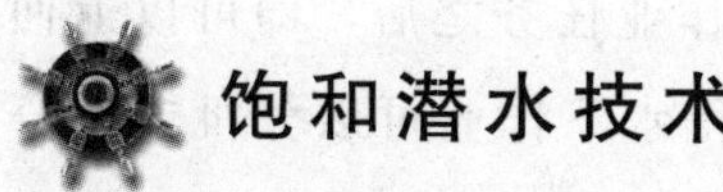

饱和潜水技术

在几十年前，曾经有一位美国乡村医生经过与同事们进行反复试验，最终得到了一个惊人的发现：人在高压的情况下，停留一定时间的话，此人的血液组织中渗入的气体便可以达到饱和程度。在此基础上，只要压力不发生改变，即使是再增加停留的时间，存在于血液与组织中的气体含量也是不会再发生改变的。这种现象犹如一只盛满水的杯子，当杯子中的水含量到达了一定的极限后，再往杯子里加水是行不通的，因为不管将水龙头继续开再长的时间，杯子里的水量是不会发生改变的。通过这一发现可以联想到，当潜水员在海洋的某一深度工作上一段时间之后，其实并不需要匆忙回到海面上进行减压，潜水员可以继续待在海中，一直到完成工作之后再重返海面，只需要进行一次减压就足够了。这种潜水的方法后来被人们称之为“饱和潜水”。

因为潜水员在水下工作的时间越长，其所需要减压的时间也就会越长，所以，若是潜水员在几百米以下的海洋深处工作 2～3 小时，并且整个作业下来需要长达几天的时间的话，潜水员所需要的减压的时间将严重影响潜水作业的工作效率。一位美国海军潜水生理学家在 1957 年提出“饱和潜水”的观点，便为潜水员在高气压下长时间暴露于海洋之下创造了一种环境与条件，一旦潜水员体内的各组织体液中所溶解的惰性气体达到完全饱和时，便可以令潜水员长时间停留于高气压下几天甚至几十天，等到预定的海底作业任务完成之后，只需要一次减压出水即可。现在以 500 米饱和潜水系统作为例子加以说明，在实际的使用中，潜水员可以在舱内经过加压使其体内的惰性气体完全饱和，将舱体设置于救援舰之上，运用专门的递物筒为潜水员提供食物。这样，潜水员便可以乘坐着潜水钟下放到海洋水下500米处进行作业，当完成作业任务之后，即可以返回到舱内。由于压力一直都没有变化，使得水下作业可以分批或者分组持续进行，潜水员最后到舱内一次减压，从而令海下工作的效率得到极大的提高。

饱和潜水作业系统主要分为甲板加压舱系统、水下居住舱系统及出入式深潜器系统三种类型，这三大饱和潜水作业系统都可以将潜水员送到海洋之中，开展长时间的工作。其中，甲板加压舱系统最主要的组成部分是潜水工作船、甲板加压舱及潜水钟等。当潜水员需要到水下工作时，可以先在甲板加压舱内加压或等候，到工作时间又可以用潜水钟将其送到水下，之后再出钟作业；水下居住舱系统则由潜水工作船与水下居住舱等部分组成；出入式深潜器系统是由潜水工作船、出入式深潜器及大吊等部分组成。

饱和潜水这种唯一可以令潜水员直接暴露于高压环境，进行水下作业的潜水方式在当今已得到广泛应用，这项技术不仅被用到了对失事潜艇的救援、开展海底施工作业以及进行水下资源勘探等项目之中，还被海洋科学家用于对海洋进行考察等领域。因此，全球各国都非常重视在这方面的技术研究。目前，美国、英国、法国、德国、瑞士、挪威、日本及俄罗斯八个国家已相继取得400米的深度；在海上实施的深潜试验中，法国与日本两国已经分别取得了534米与450米的研究成果。

美国方面，自从海军潜水生理学家提出了令潜水员在水下长时间停留生活工作以提高潜水作业的效率的饱和潜水概念之后，到了1962年，美国人又在海上进行了现场试验，这次试验的结果是成功的。通过这次试验再一次证明了饱和潜水理论的正确性，并让其成为开拓海洋内层空间的先驱者。美国又于1981年在“ATLANTIS Ⅲ”模拟试验中，由三名潜水员呼吸氦、氮、氧三元混合气之后，

潜入到最大深度为686米的海洋深处，并在那里停留了24小时；在650米的海洋深处工作了七天七夜。这次试验证明：运用饱和潜水技术可以让人类实施大深度的潜水，可以到达的深度甚至超出人们的想象。

法国人则于1962年运用水下居住舱在海上开展了一系列的海上饱和潜水试验，并取得了成功。1988年，法国的某家公司又在地中海实施现场氢氦氧混合气的饱和与巡回潜水实潜试验，在这次试验中，潜水员下到海洋深处534米的海底有效完成规定的作业任务。这家法国公司于1992年又开展了一次人体氢、氦、氧混合气模拟饱和潜水试验，潜水员到达的海底深度达到了701米，压力为71.1个绝对大气压。这一数值创下了人类所能承受的最高压力的纪录。

俄罗斯的潜水医学机构曾经于1994年展开了动物试验研究。当动物呼吸了氦氧混合气体后，可以达到的饱和潜水最大深度为101个绝对大气压；当大鼠呼吸了氢、氦、氧混合气后，其饱和潜水的最大深度达到的绝对大气压在120～190之间，这一试验充分证明了生物的可承受压力有着非常大的研究空间。

总之，饱和潜水是人类在潜水技术方面所取得的又一个突破。在饱和潜水技术被发现之前，虽然人们已经掌握了足够的潜水技术，但无论是哪一种潜水技术，潜水员都只能是海底的匆匆过客，每一位潜水员在进行一次潜水后，就要花费上大量的时间进行减压，使得工作效率大大降低。而饱和潜水的发现，令潜水作业的时间得到了极大的增加，尤其是潜水工作的效率也得到了极大的提升。

来自海洋深处的奇异生命

相信大多数的人都会认为，在地球上生存的万物必须依靠太阳光的照射才能得以活命。人们之所以会产生这样的认识，是因为太阳光为生物的生长提供能量的重要来源，地球的植物的生长也是依靠太阳光的光合作用才能形成的，而地球上生存的大量动物又是依靠植物来维持生命的。因此，太阳是地球万物生长之源。但是，事实真的如此吗？通过美国“阿尔文”号深潜器对海洋深处所进行的考察，人们可以真正认识到，地球万物生长并非都依靠太阳，在没有太阳光照射的地方同样也有生命的存在。

当美国的地质学家们乘坐着“阿尔文”号深潜器前往东太平洋加拉帕戈斯海底裂谷进行考察时，意外地发现，那里有着永不停息涌出生命的热泉口存在。那些十分奇怪的热泉在2600米深的海底火山附近，犹如一个又一个的烟囱一般，不断朝外喷吐着一股又一股的热液，喷吐出的热液温度高达350摄氏度。在热泉口附近浮游着生存着各种各样的奇异生物，有大得出奇的红蛤与海蟹，有血红色的管状蠕虫，还有大量的牡蛎与贻贝，甚至有与蒲公英一样的放射状的细丝附着于海底岩石上的生物。相对于热泉口来说，该区域之外的深海却犹如荒芜的沙漠一般，人们只能在那里偶尔看到少量的八角珊瑚、小海星与海葵点缀在黝黑的海底玄武岩之上。在热泉口发现的那些奇异的海洋生物令前往考察的科学家们十分惊奇，他们意识到在永远都不可能见到太阳光的海底同样有着生命的存在。

后来，当美国科学家再一次乘坐着“阿尔文”号深潜器对加拉帕

戈斯裂谷及东太平洋的海隆区域展开更为深入的科研考察时，科学家们发现了除上述奇异的海洋生物之外的另一种生物，这就是犹如白鳗的鱼。这次发现是人类第一次在完全没有太阳光照射的情况下发现脊椎动物存在。当科学研究者们对热泉口的红色管状蠕虫进行研究之后发现，那些蠕虫较大的长2～3米，它们白色的外套管被固定于岩石之上，以保护其柔软的身躯。这类海洋生物不仅没有眼睛也没有嘴，就连消化系统也没有，完全是通过伸出套管顶端的触角过滤海水中的食物，通过血液将过滤后的营养物输送至全身。一直到现在，生物科学家都没有得出这类蠕虫生物属于哪个门类，更不了解它们是如何繁殖后代的。

在海洋深处这奇异的世界中，每一种海洋生物都有着其奇特之处。在那里生活的深海蟹与生活在淡水中的同类虽然有相似之处，但是这些深海蟹没有眼睛却依然无处不爬，而且十分习惯于在深海的高压下生活，若是将其带到海面之上，它们是不会活太长时间的。在那里生活的巨蛤则是通过过滤海水中的颗粒食物生存的，在它们的体内存在红色的血液，其生长速度相对于深海的小蛤而言，要快500倍，长成之后竟然可以长到30厘米。那里还生活着一种毛茸茸的深海白蚱，这种海洋白蚱的外形犹如陆地上的蒲公英。这些海洋白蚱时常几百个汇集到一起，每一个白蚱都有着各自的分工，一些是负责捕食的，一些是负责消化的，一些是负责繁殖的。一旦它们离开了深海来到海面，便会在顷刻间失去生命。在这些深海生物中最令科学家感兴趣的是一种犹如虾一样的动物。这种海洋动物的眼睛的末端长着肉冠，它们则是通过肉冠在岩石上刮取食物以维持生存。在那里生活的深海生物都是千奇百怪的，虽然无数的科学研究者希望通过研究那些海洋生物的生理结构、种属关系、生活习惯与食物基础对其进行了解，但是直到现在，人们依然没有任何线索。

通过科学研究者的调查与研究发现，在海底热泉附近存在的食物密度大得惊人，并且在热泉之内有着大量的细菌以非常快的速度繁衍。为了证明热泉中有着大量细菌的存在，当“阿尔文”号深潜器上浮海面，便有科学家将一瓶从深海带回的海水样品闻了闻，顿时感到一阵恶心。因为科学家闻到深海水样中散发出一股臭鸡蛋的气味。如今，科学家们已经找到了答案，深海水样之所以会那么难闻是因为那里含有一种硫化氢气体。

事实上，当海底火山喷发时，便会有炽热的岩浆自地壳裂缝涌升到海底的表面，由于海水的温度上升到 350 摄氏度而导致热泉的出现。但在那些海底热泉中含有非常丰富的化学物质。由于水温极高，海水便可以将附近岩石中的硫黄等矿物质溶解出来。由于受到高温与高压的影响，使得矿物质与水反应而合成恶臭且有毒的硫化氢。这种带有臭味的化合物中隐藏着深海生物生存的秘密：对于海底生活的生命体而言，细菌是其食物链的基础。由于硫化氢杆菌借助于硫化氢进行代谢，所吸收的热泉热能可以得以繁殖，由于细菌的不断繁殖又为其他生物提供了十分丰富的食物来源。那些生活在海底的某些小生物便是通过过滤这些硫细菌而得以生存的，还有一些海洋生物则是以它们为食饵。不管是蠕虫、巨蛤还是贻贝，它们的消化系统大多退化，取代的便是体内寄生着大量的硫细菌，通过这些细菌将体内的化学物质转化为营养物质。于是，这构成了一种新的海底食物链，犹如陆地上植物的叶绿素进行光合作用合成碳水化合物一般，不同之处只是高能量的硫化氢换成了阳光。在生物科学的历史之中，不依靠太阳光却能够从地球内部获得能量的“化学合成”程序是第一次发现，这一发现有着十分深远的意义。

那些存在于海底有着奇特耐高温能力的细菌令科学家们扩大了视野。然而，科学家们一直都弄不明白的是，大多数情况下，一旦温度超过 40 摄氏度，大多数的植物与动物便很难生存；温度超过 60 摄氏度，大多数的细菌便无法存活。但是，为什么海底存在的耐高

温的硫细菌却能够在 350 摄氏度的高温与高压下快速地繁衍？其中一定存在着某些奥秘，只是人们至今还没有寻找到真正的答案。但是通过这一发现，人们明白了在高温与高压下，也可以有生物的存在。因此，这一发现为人们寻找地球之外的生命开辟了新的思路。

第八章　海洋环境保护

从海洋里，人们可以获得海洋物产，即海洋食品，包含鱼类、虾类、海带类等，以及海盐与矿物资源，比如铀、银、金、铜等物质。除此之外，海洋还具有调节地球气候、吸收二氧化碳、蒸发水分从而利于降雨、为人类提供各类海洋能源等功能。对人类有着如此多好处的海洋，如今却面临着极大的威胁，海洋污染事故不断发生。造成海洋污染的原因主要有油船泄漏、向海洋中倾倒工业废料及生活垃圾直接被排放到海洋之中。来自各方面的垃圾进入海洋之后，对海洋环境与生态系统造成了严重的污染，还会危害到人类。受到污染的海洋食品中聚积大量的毒素，一旦人体食用后，便会患病；海洋产品还会不断减少，令人类的食物来源受到严重的威胁。因此，人类只有保护好海洋，才能更好地保护人类生存的环境。

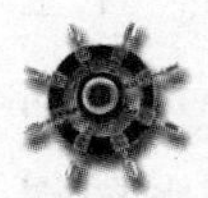

海洋生态系统

经过大量的试验与研究，来自于斯坦福大学的科学研究者发现，海洋的二氧化碳含量的不断上升，很有可能导致海水的酸性不断加大，最终令水下的生态系统发生改变。对此，科学研究者指出：随着二氧化碳的不断增长而引发的海水酸性增加，对海洋生态系统中存在的各类物种所产生的影响是不一致的。一些无脊椎动物会变得兴盛起来，但是大多数的海洋物种都将面临严重的影响。比如，贝类的壳会在酸性的环境下，不断地发生消解；生活于附着岩石上的蟹类等物种，同样也会因为其生存环境的改变而不断减少。

每一个不同的物种都会在生态系统中占据十分重要的地位，任何一个物种发生变化，都可能对生态系统的稳定产生威胁。即使比较小的生物体能逐渐恢复，群落的总体生物量也会因为大型生物的缺失而不断减少。此外，依赖海洋生活的人类必然会受到极大的影响。因此，若想拥有良好的生活环境，就必须维护海洋生态系统。

那么，何谓海洋生态系统？它是指海洋生命系统与海洋环境系统在一定的时空范围内，起着一定的结构与功能的整体。海洋生态系统有着以下结构成分：第一，生物成分，其中又分为浮游生物、游泳生物、海底生物及海鸟类。浮游生物是指在水层中以浮游生活为主的生物。有着在水中生活的能力的海洋动物是游泳动物，这类海洋动物的个体通常比较大。生活在海洋底部的生物，不仅包含着海底植物，还包含了海底的动物与两栖动物。第二，非生物成分，海流、海浪、潮汐、海水的混合都属于非生物成分。具有相对稳定速度的海水是海流；出现在海洋之中的一种波动现象便是海浪；由于受到来自月球与太阳的引潮力的作用，而使海水出现的周期运动为潮汐；在海洋之中还存在着一种最为普遍的运动形式，参与到这种运动形式中的海水有着其原来的特性，海水由一个空间向另一个空间发生运动，最终使得处于相邻海域的海水所具有的性质不断趋向均匀，使得形成一种水文要素均匀一致的海水，这便是海水的混合。

除了上述海洋生态系统之外，海洋系统还分成浅海生态系统、深海生态系统、大洋生态系统、火山口生态系统、河口生态系统五大类。

浅海生态系统是指处于海洋深度的200～600米的大陆架范围的生态系统。全球大多数的渔场都位于大陆架及其附近，使得那里有着丰富多样的鱼类。在大陆架海域的许多海洋现象都有着显著的季节性变化。其中，潮汐、波浪及海流的作用都非常明显。由于在那里含有大量的深解氧与各类营养盐类。因此，大陆架尤其是河口区域成为人类进行渔业与养殖业的重要场所。

水深在2000～6000米范围内的海洋生态系统为深海生态系统，在这种海域内，没有阳光，温度在0～4摄氏度。这一区域海水的化学组成相对较为稳定，土壤是软相黏泥，其中存在着很大的压力。由于在海洋深处没有可以发生光合作用的植物，因此，食物条件十分苛刻，海洋生物的食物来源大多依靠上层的食物颗粒下沉而来。

从深海区域到开阔的大洋之间，那里是日光所能透入的最深界线，即大洋生态系统。虽然大洋有着很大的面积，但是其中的海水环境却是出奇的一致，不同海域之间只存在水温的变化，特别是在暖流与寒流分布方面。由于大洋之中不能为海洋生物提供隐蔽场所，因此，在那里生活的大洋动物通常具有明显的保护色。

不久以前，当一些科学研究者在对深海生物进行考察时，发现了一种非常独特的海洋生物群落。它们生活在群岛附近深海的中央海脊的火山口周围，由于火山口能够释放出的海流温度比周围的温度

高出200摄氏度，使得那里栖息着生物界前所未知的异乎寻常的生物。比如，长达3米的蠕虫，这些海洋生物的食物来源是共生的化学合成细菌。这便是著名的火山口海洋生态系统。

处于陆地水系与海洋水系的交界处的特殊生态系统便是河口生态系统。因为在很多河口是人类进行海陆交通的重要地方，因此，那里受到人类活动的干扰非常大，很容易发生赤潮现象。通常，那里生活的生物种类组成是非常复杂的，并且呈现多样性指数比较高。

海洋是全球生命保障系统的基本组成部分，它为海洋生物提供了非常广阔的生存空间。因此，人们将海洋称为“生命的摇篮”。在海洋之中孕育着大量的生物，占到地球80%的生物的生活环境都在海洋之中。由于海洋中存在着极为丰富的矿产资源，它又是人类资源利用的重要来源。存在于海洋之中的工业原料品种繁多，有着极大的储量，若是人们可以合理地对其开发利用，可以令人类的生活得到大大的改善。

不仅如此，海洋还为人类提供源源不断的动力资源，比如上面章节讲到的通过海洋的潮汐、海流、海浪、海水温差、海水盐差等为人类制造更多的电量。海洋还能够为人类提供众多的药品。利用海洋生物资源丰富的特点，人们从中可以获得诸多防病与治病的良药，从而为人类的身体健康带来帮助。

在日常生活中，海洋不仅在预测天气方面起着十分重要的作用，在对地球气候的控制方面所起到的作用也是极其重要的。因为海洋与大气是互相联系的，地球上的气候深受海洋状况的影响，存在于自然界的风、雨、云、台风、海浪与大洋环境都是因为海洋与大气层的相互作用而产生的。所以，人们可以通过对水层大气与海洋间的相互作用的机理，以及海洋表面的海流与深层环流状况来对地球天气加以预测。

除此之外，海洋还对陆地环境有产生净化的作用。由于陆地的河川溪流最终都要汇入海洋之中的，因此，在海洋与陆地相接的地方会容纳河流所运送的各种污秽物，尤其是人类往海洋之中倾倒的垃圾与人类进行的各类活动造成海洋污染，再加上酸雨不断增加等因素，使得海洋几乎容纳了地球上所有的污染物。对于来自各方面的污染物，海洋则通过自身的生态运动对它们进行了降解、转化、转移与沉积，进而令地球的陆地环境得到净化。

不断变暖的地球与海洋系统

“随着地球气候不断变暖，导致的直接结果便是海平面不断升高。”同意这一言论的科学家越来越多，他们认为，海平面升高将令一些太平洋上的岛屿的很多红树林被毁；甚至有一些科学家指出，美国旧金山西部偏远崎岖的海岛曾是美国最大的海鸟栖息的地方，而如今，那里的海鸟不断减少，就连一种非常小的海雀的数量也持续两年急剧下降。由此可见，全球气候变暖不仅有可能破坏海洋食物供应，使得海湾受到极大的威胁，还会令整个海洋生态系统遭遇巨大的灾难。大量的事实表明：世界气候变暖对海洋生态的影响越来越明显。

红树林是一种生长在沿海地区的灌木丛，不仅可以为海岸线架起一道重要的保护墙，还能够为海洋鱼类与其他海洋生物提供充足的养分。对于生活在海岛的岛民来说，他们不仅依靠红树林为自己提供食物，还通过红树木提取染料，将其用到纺织品与渔网的制造中。如今，全球已经有二分之一的红树林被毁，导致红树林被毁的主要原因便是社会发展带来的污染。尤其是近年来，全球气候不断变暖对红树林造成了潜在威胁，而因为变暖的气候导致海平面的上升又会将红树林淹没。海洋科学研究者经过研究发现，生活在太平洋地区的红树林最容易受到攻击。因为太平洋各岛通常比海平面高出不足 4 米，并且大多数的城市开发项目都集中在沿海岸的平原地区。由于海平面上升，位于南太平洋的瓦努阿图与巴布亚新几内亚的居民不得不离开他们位于海边的房子而搬迁到高地重建房子。研究者还发现，在太平洋地区的13%的红树林会因为海平面升高而被毁，情况最为严重是美属萨摩亚群岛、斐济、图瓦卢及密克罗西尼亚等地。一旦这些岛上的红树林消失，将会给人类带来洪水与暴风雨等自然灾害。与此同时，红树林的消失还会令沿岸的水质降低，生物的多样性被减少，海洋鱼类的生长环境遭受破坏。

之前还发现了海雀快速减少的事件。这是由美国雷斯角鸟类观测站的海鸟生物学家拉斯·布拉德利在实际调查与研究中发现的现象。大多数的时间里，小海雀都是在海洋之上生活的，每当春天到来，它们便会飞往法拉隆湾等孤岛掘穴筑巢且哺育后代；到了成年之后，小海雀便学会了通过抓捕磷虾为雏鸟喂食，而磷虾又是构建复杂的海洋食物链、维持海洋生态平衡的关键海洋物种。在对小海雀展开调查与研究的过程中，科学家发现在法拉隆湾筑巢的两万对小海雀所哺育的幼雏无一能够逃脱出生几天之后便面临夭亡的命运，这种繁殖失败的悲剧不断上演。之所以会出现这样的悲剧，是因为美国西海岸气候模式的变化，导致了第二年的季性上升流迟迟未来，这种上升流可以将冰冷的海底丰富的营养成分带到海洋上层，以便让小海雀、其他海鸟、鱼类及海洋哺乳动物得到食物。现在，它们无法及时得到食物，随着海水不断变暖，磷虾的产量也在不断地下降。

长期以来，由于科学家一直都没有得到数据，使得他们很难寻找到特定自然事件与全球气候变暖之间所存在的直接联系。但是，通过长时间对小海雀的观察，人们发现随着加利福尼亚海域的水温持续比平均温度高出3～5摄氏度，在这种水温上升的情况下，小海雀的数量随之骤减，这也是科学家们从来都没有遇到过的现象。另外，通过研究科学家们还发现，由于磷虾的产量不断下降而使得幼年岩鱼的数量出现了快速减少的现象，而这种岩鱼又是海鸠的主要食物来源。虽然在最近一段时间内，海鸠的数量得到极大的恢复，但是科学研究者预计将会有四分之三的海鸠无法保证幼雏存活下来。

上述情况不仅仅是一个地区效应，它与整个地球的大气循环变化存在着很大的关系。但如果要证明这些变化是否真的由全球气候变暖而引起的，还需要科学研究者花费大量的时间进行研究。但是，无论是什么原因导致的这种现象的发现，都无法否认的一点是，全球的气候不断变暖的情况，一定会对地球的生态造成严重不良的影响。

海平面上升给人类带来的危害

在以往的百余年间，全球海平面上升了14.4厘米，而我国境内的海平面上升了11.5厘米。造成海平面不断上升的原因各种各样，但是主要的原因是海水的热膨胀。一旦海洋发生变暖的情况，便会令海平面上升，整个地球的气温上升导致了地球南北两极的冰山融化，融化后的冰山水会融入海洋中，这也是造成海平面上升的主要原因之一。那么，上升后的海平面会给人们带来什么样的危害呢?以下便是海平面上升的直接影响：

影响一，海平面上升会令低地被淹没。随着全球气候变暖会导致海平面升高，随之而来的是暴风雨频率增加。面对这样的情况，英国人便不得不通过加高防洪堤坝来抵制上升的海平面。据英国相关资料显示，在以往的20年来，因为泰晤士河的水位随着全球的变暖而不断升高，当地的政府机构不得不相继加高防洪堤坝达88次，希望通过这种方式来保障伦敦人的生命财产安全。据了解，当下人们每年都要进行加次加高其防洪堤坝。据科学研究者的推断，在以后的20年之中，他们加高堤坝的频率会高达每年30次。

影响二，海平面上升会导致海岸受到冲蚀。

影响三，海平面上升之后，会令地表水与地下水盐分增加，从而对城市的供水产生不良的影响。

影响四，随着海平面不断上升，地下水位也会不断升高。

影响五，海平面上升还会导致旅游业受到危害。比如，当海平面上升50米，我国的大连、三亚、秦皇岛、青岛及北海等滨海旅游区就会有24%的沙滩损失，北戴河的沙滩损失会高达60%。

影响六，海平面上升会对居住在沿海与岛屿的居民生活产生极大的影响，使这些地区遭遇到威胁。若是极地冰冠融化，汹涌而至的海水便会将经济发达、人口稠密的沿海地区吞没，而且还会导致马尔代夫与塞舌尔等低洼岛国消失，而上海、香港、威尼斯、里约热内卢、东京、曼谷及纽约等诸多海滨大城市与孟加拉、荷兰及埃及等国的沿海地面也将无法逃脱如此厄运。

随着海平面的不断加速上升，这种现象已经或者即将成为海岸带的重大灾难。在过去的100年间，海平面上升了大约12厘米，在此100年后，海平面将上升1米。若是人们不运用一些防护措施，全球各地近百分之七十的海岸带，尤其是大量低平的三角洲平原将变成泽国，海水可以入侵20～60千米，甚至更远。因此，人们一定要严肃对待海平面上升的问题，做好预防措施，有效降低全球不断上升的气温，这样才能避免重大灾难的发生。

海洋即将荒漠化

面对当今遭遇严重破坏与污染的海洋问题，一些科学研究者通过海洋荒漠化来描述遭遇破坏与污染的海洋所面临的严重问题。人们经常讲到的海洋荒漠化存在着广义与狭义两种。从广义的角度来看，海洋荒漠化主要是指因为海洋开发无度、管理无序、滥捕滥杀及海洋污染范围不断扩大，造成了海洋渔业资源不断减少，甚至发生赤潮的危害不断，从而令海洋之上出现了类似于荒漠的现象。从狭义的角度来看，海洋荒漠化主要是指因为海洋石油污染所形成的油膜抑制了海水的蒸发，从而令海洋上空的空气变得异常干燥，使得海洋无法发挥其调节气温的作用，进而导致“海洋荒漠化效应”的出现。

伴随着人类的活动范围不断扩大，在地球上的每一个角落几乎都存在着污染物，这些污染物通过人为倾倒、船舶排放、海损事故、战争破坏及石油开采等方式不断进入海洋之中。据统计，全球每年向海洋之中倾倒的各类废弃物高达2020吨，使得海洋受污染的面积日益扩大、海洋受污染的程度也日趋严重，尤其以石油污染的事件最为严重。每年通过各种各样的渠道泄入海洋中石油与石油产品大约为全球石油总量的0.5%，也就是说每年泄入海洋中的石油量为1590吨。

因为各种原因倒入海洋的废油，其中的一部分会形成油膜浮于海面之上，进而导致了海水蒸发受到抑制，令海上的空气变得干燥，从而令海水的温度每年都会出现非常大的变化，令海洋失去了调节

气温的功能。因此，油膜效应的出现令海洋失去调节作用，并引发污染区域与周围地区降水量的减少，使得天气出现异常，进而发生海洋荒漠化效应。

海洋荒漠化效应示意图

或许在大多数人看来，生活在海洋之中的鱼类是取之不尽、用之不竭的。自古以来，海洋的鱼类便是人类食物的重要来源。随着社会科技的不断发展，人类在捕鱼方面的手段也变得日益先进。由于先进的捕鱼手段的帮助，人类肆意地捕捉海洋鱼类，很有可能会令海洋变成“荒漠”，使得全球海洋渔业面临前所未有的困境。如今，曾经在海洋之中随处可见的大型食肉鱼类，比如马林鱼、金枪鱼、鲨鱼及箭鱼，现在都很难再寻找到它们的踪影。当前已经有很多重要的海洋鱼类从海洋中消失了，其中最为著名的便是生活于大西洋之中的纽芬兰鳕鱼。

经过调查研究发现，每当捕鱼船队经过之后，捕鱼船队所经过的海域的鱼类资源便会骤然下降。这些海洋鱼类比以往的10～15年之间减少了80%，不过，它们却一直稳定于原数量的10%左右。也就是说，如今海洋中生活的鱼量仅仅是原来海洋鱼量的十分之一。即便是那些生活在深海的鱼类也难逃被捕杀的命运。

事实上，幸存下来的鱼类不仅在数量上不断减少，尺寸上也在不断减小。比如，当今金枪鱼的重量仅仅有20年前的一半，而马林鱼的重量仅为原来的四分之一。以往生活在海洋之中的巨型鱼类，现在很多消失不见了。海洋鱼类资源的荒废程度甚至比人们所了解的严重得多，早在海洋生物学家对海洋鱼类展开调查之前，大规模工业化的捕鱼活动便开始了。即使有着丰富资源的海洋鱼类的海域也随着商业化捕鱼的开启而令这些鱼类资源迅速下降。

自从20世纪50年代以来，便有一些捕鱼船队开始前往南极附近的海洋、泰国湾及部分大西洋海域捕捞鳕鱼及其他大型的海底鱼。与此同时，日本大多数的远洋捕鱼业也开始了，他们主要是对箭鱼、金枪鱼及其他大型的食肉鱼类展开捕捉。大肆捕捞的结果导致这些船队所到之处的鱼类几乎面临灭绝。面对海洋鱼类快速减少，人们几乎来不及作出反应，捕鱼者找到一个新的鱼类资源地并将其破坏殆尽只需要10～15年的时间，但是，若想让其恢复则需要两个、三个甚至更多个10年。因此，当人类意识到应当采取相关措施且开始实施时却为时已晚。

数量快速减少的食肉鱼类处于海洋生态链的顶端，对此，美国著名的生态学家詹姆斯·柯特奇指出，海洋之中的大鱼犹如森林中的大树一般，它们对生态环境起着十分重要的作用。若是森林中超过80%的大树都被砍伐掉了，由此而引发的生态问题是不言自明的。同样，海洋鱼类也是如此。

因此，若想有效防止海洋鱼类的快速减少与灭绝，不仅需要各国政府加大执法、监管力度，积极寻找且提供其他出路，这样才能让全社会意识保护渔业资源的重要性与必要性。而且，人们还必须利

用科学发展的眼光看待海洋渔业资源的利用，应当在满足人类需要的同时，不会给后代的需求造成损害；在人类的需求得到满足的同时，不会损害到其他物种所需求的发展模式。总之，保护海洋渔业资源，还需要正确处理眼前的利益与长远利益的关系，恰当掌握局部利益与全局利益之间的关联，这样才能令海洋渔业资源实现源源不断、长期持续地造福于人类。

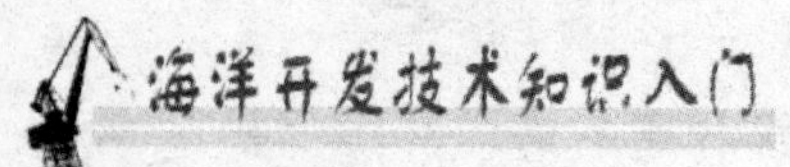

海洋石油污染

在人们对石油及其炼制品，诸如煤油、汽油及柴油等进行开采、炼制、储运与使用的过程中，时常会有石油及其炼制品流入海洋从而对海洋环境造成严重的污染，这也是一种世界性的严重海洋污染。从炼油厂排放出含油的废水经过河流注入海洋或直接注入海洋；航行的油船发生漏油、排放及发生事故，导致油直接流入海洋；开展海底油田开采过程中的溢漏及井喷，导致石油排放到海洋中；存在于大气中的低分子石油烃沉降到海洋中；来自海洋底层局部的自然溢油；过去的海湾战争中的海洋石油污染，不仅严重破坏了波斯湾的生态环境，还导致了洲际规模的大气污染。

当石油流入海洋后，由于石油在海面所形成的油膜会阻碍大气与海水之间进行的气体交换，从而对海面电磁辐射的吸收、传递及反射产生严重的影响。若是油膜长时间覆盖于极地的冰面，便会增加冰块的吸热能力，增加冰层融化的速度，对全球海平面的变化与长时间气候变化造成潜在的影响。流入海平面与海水中的石油还会溶解卤代烃等污染物中的亲油组分，使得其界面间的迁移转化速率大大降低。此外，石油污染还会导致海滨风景区与海滨消声遭到破坏。诸如，“东方大使”号油轮于 1983 年 12 月搁浅在青岛胶州湾，溢油量达到了 3000 多吨，给青岛海滨与胶州湾带来严重的污染。

流入海洋的石油还会对海洋生物产生危害。因为石油会形成一种油膜，这种油膜会降低太阳辐射透入海水的能量，进而对海洋植物光合作用产生影响。而且，因为受到油膜的污染，使得海兽的皮毛

与海鸟的羽毛会溶解其中的油脂物质，从而导致它们失去保温、游泳及飞行的能力。海洋石油污染物还会影响到海洋生物的摄食、繁殖、生长、行为及生物的趋化性等多方面的能力。受到严重污染的海域，甚至还有可能导致个别海洋生物种的丰度与分布发生变化，最终导致其群落的种类组成发生改变。尤其是高浓度的石油具有令微型藻类的固氮能力大大减弱，使其无法正常生长，只能面临死亡。

一旦有石油沉降于潮间带与浅水海底，便可以导致某些海洋动物幼虫、海藻孢子失去适宜的固着基质，抑或令其成体降低固着能力；当石油渗入大米草与红树等比较高等的海洋植物体内时，便会令其细胞的渗透性等生理机能发生改变，严重者还可能导致生活在潮间带与盐沼间植物的死亡。

按照石油的种类与成分的不同，其对海洋生物产生的化学毒性也是不一样的。一般情况下，炼制油的毒性远远高于原油；而低分子烃所具有的毒性则比高分子烃的大。在不同的烃类之中，其毒性大小按照芳香烃、烯烃、环烃、链烃的顺序呈现依次下降的趋势。石油烃对海洋生物产生的毒害主要表现在破坏细胞膜的正常结构与透性，干扰海洋生物体的酶系，从而令生物体的正常生理与生化过程受到影响。比如，油污能够降低浮游植物的光合作用的强度，对细胞的分裂与繁殖产生阻碍，导致诸多动物的胚胎与幼体出现异常发育、生长延迟的现象；它还能够导致某些动物患病，比如，鱼鳃坏死、动物的皮肤糜烂甚至致癌。

海洋石油污染对水产业产生和影响，主要是会改变某些经济鱼类的洄游路线、使得渔网受到沾污、养殖器材与渔获物均受到污染，沾染油污的鱼类与贝类等各类海产品都很难出售且不能食用。

给海洋一个清洁的环境，降低或者避免石油对海洋产生的污染，需要相关部门制定出有关的法规，以制止在海洋活动中非法排放油污的水，严格控制沿海炼油厂与其他工厂的含油污水的排放。人们还应当根据监测监视海区石油污染状况，改进油轮的导航通信等设备的性能，防止海洋事故的发生。一旦出现石油污染，可以运用围油栏等工具将浮油阻隔包围起来，以防止其不断扩散与漂流，并运用各种机械设备尽最大努力将流入海洋中的石油加以回收，那些无法回收的则可以运用某些低毒性的化学消油剂。

当石油流入海洋后，会发生一系列非常复杂的变化，它不仅会发生扩散、蒸发、溶解及乳化，还会产生光化学氧化、微生物氧化、沉降，并且形成沥青球与沿着食物链转移等过程。尽管这些变化的过程在时空上存在先后与大小的差异，但是，它们大都是交互进行的。

当石油流入海洋后，首先便会在重力、惯性力、摩擦力及表面张力的影响下，短时间内在海洋的表层扩展成薄膜，从而在风浪与海流的作用下，被分割成大小不一的块状或者带状油膜，这些油膜会随着风不断漂移扩散。因此，扩散的过程乃是消除局部海域石油污染的最主要过程。因为风是影响油在海面漂移的关键因素，使得油的漂移速度大约为风速的3%。在我国山东半岛沿岸发现的漂油，在冬季，半岛的北岸存在较多；而在春季，半岛的南岸则存在较多，这便是风的影响而导致的。由于石油中的氮、硫及氧等非烃组成部分是表面活性剂，这种表面活性剂可以促进石油的扩散。

当石油在海洋中不断地扩散与漂移，其中的轻组分则可以通过蒸发逸到大气中，它的逸入速率随着分子量、沸点及油膜表面积与厚度与海况的不同而相同。含碳原子数不足12的烃在进入海洋几小时内便会蒸发逸走，若是碳原子数在12～20之间的烃的蒸发则需要几个星期，碳原子数超出20的烃便很难蒸发。蒸发是海洋油污染出现自然消失的关键因素，经过蒸发大约可以消除泄入海洋中石油总量的四分之一到三分之一。

存在于海平面上的油膜在光与微量元素的催化下，会出现氧化与

光化学氧化的反应，氧化也是石油化学降解的重要途径，氧化的速率是由石油烃的化学特性而决定的。无论是扩散蒸发过程还是氧化过程，都在石油流入海洋后的数天内对水体石油的消失起着重要作用，其中扩散速率往往大于自然分解的速率。

低分子的烃与某些极性化合物还可以溶解海水中，其中，正链烷在水中的溶解度与其分子量成反比，而芳烃的溶解度则比链烷的大。与蒸发的作用一样，溶解作用虽然也是低分子烃的效应，只是它们对水环境产生的影响却是不一样的。当石油烃溶解海水中，很容易被海洋生物吸收且产生非常坏的影响。

当石油进入大海后，因为受到涡流、海流、潮汐及风浪的搅动，极易出现乳化的作用。石油乳化分为油包水乳化与水包油乳化，油包水乳化较为稳定，时常聚成外观犹如冰激凌状的块或球，长时间漂浮于水面上；而水包油乳化不太稳定且极易消失。若是当石油进入大海后，能够喷洒分散剂，将有助于水包油乳化的形成，从而加速海面油污的去除，也可以加快生物对石油的吸收。

存在于海洋表面的石油通过蒸发与溶解之后，会形成非常密的分散离子且聚合成沥青块，抑或吸附在其他颗粒物上，最终沉入海底或漂浮到海滩。沉入海底的石油或石油的氧化物因为受到海流与海浪的影响，很有可能再次上浮到海面，导致二次污染的发生。

存在海洋中的微生物在对石油烃降解方面发挥着十分重要的作用，烃类氧化菌普遍分布在海水与海底的泥中。同样，海洋植物与动物也可以降解一部分的石油烃，浮游的海藻与定生海藻可以直接从海水中吸收或吸附溶解的石油烃类；海洋动物则会摄食吸附着石油的颗粒物质，那些被溶解海水中的石油可以通过海洋生物的消化道或者鳃进入体内。因为石油的烃属于脂溶性的，所以，海洋生物的体内石油烃的含量会随着其脂肪含量增大而得到提高。在比较清洁的海水中，海洋生物体内所积累的石油可以快速地被排出。直到如今，人们还没有证据来证明石油烃会沿着食物链而扩大。

一旦石油流入海洋后，其从海洋中消失的速度与产生影响的范围而是根据海域的地点、油的数量及特性、石油的回收与消油方式、海洋环境等方面存在着极大的差异的。就水温相对较高的海域有利于石油的消失。但是，当石油中渗入沉积物时，便很难消除了，必须经历几个月甚至几年的时间才有可能消除。

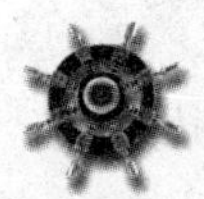

触目惊心的海洋污染事件

海洋生物学家通过对海洋生物展开的调查与研究发现，当今世界海洋生物的发病率正在增高。由于地球气候不断变暖、海洋环境受到污染以及海上养殖等人类活动，导致了海洋中的病毒及寄生虫大规模蔓延，在未来生活于海洋中的生物的多样性面临着严重的威胁。最近几年，由于全球经济快速发展，通过海上运输的原油量也在快速上升，这便导致了油轮遭遇海难受损而令原油泄漏的事故时常发生。

海洋污染导致海洋生物死亡

曾经有在巴拿马注册的“纳土纳海”号油轮，在行驶到新加坡海域附近时发生了搁浅，使得其中的一部分油舱受损，导致了7000吨原油泄漏。在马绍尔群岛注册的“波罗的海”号油轮在行驶到丹麦东南部海域时，因为撞击到一艘货轮，使得原油泄漏达到了2700吨。由于这次事故发生在丹麦的海鸟自然保护区，遭受最大危害的是栖息于保护区的上万只海鸟。一次更大的原油泄漏事故发生于

1999年12月，当时，满载着两万吨石油的“埃里卡”号油轮在行驶到法国西海岸的布列斯特港以南70千米处的海域时发生了沉没，导致油轮上的石油大量泄漏，对附近的海域与沿岸造成了极其严重的污染。再加上飓风肆虐，使得污染不断向监控的陆地大面积泛滥，使得鸟类的生存环境遭遇严重破坏。这次事故刚好发生在海鸥与鸬鹚等海鸟朝着这片海域迁徙以躲避寒冬的季节，遭受污染的海鸟数量之多，尤其令世人震惊。在这次事故中，受到污染而死亡的海鸟数目超过了30万只，是欧洲历史上最为严重的一次鸟类死亡事件。

生活在地中海沿岸的人口数量达到了1.3亿，而每到夏天，便会有1亿左右人次的游客前往那里旅行。这些游客所丢弃的垃圾与废物的80%都没有经过任何处理而被排放到大海中，对沿海的环境造成了严重的破坏。事实上，对于在地中海附近生活的人而言，每年大约会有6万吨清洁剂、100吨水银、3800吨铅及3600吨磷酸盐等化学物质排放到地中海。除此之外，还有必须经历几百年才能分解的塑料垃圾也不断增加，超过100万吨的原油从船上泄入海洋等，这些污染导致了地中海海岸生态系统变得非常脆弱，很容易便会遭受到外来生物属种的侵害。尤其是水体富氧化，主要的水体富氧化的形式为因腰鞭毛虫的聚集而出现的“赤潮”及由硅藻分泌的黏液状泡沫。

早在30多年前，科学家们还坚持认为，海洋是浩瀚无垠的，不会受到人类太多的影响。然而，最近的研究却表明，如今的海洋已经与陆地环境一样，变得十分脆弱。甚至有一些著名的海洋研究学家指出：近年来，传染病对海洋生物造成的威胁正不断增加。这些传染病被传到海洋后，会导致鱼类、海洋哺乳动物、珊瑚礁以及海水植物的大量死亡。与此同时，生物学家同样指出，目前还有很多疾病的爆发没被人们察觉。

海洋生物一旦感染的灾难是毁灭性的。在20世纪80年代，由于一种非常神秘的病原体的突然蔓延，几乎将生活于加勒比海域的海

胆全部毁灭。科学家指出那些生活于加勒比海域的海胆是“基本的食草动物”，它们一旦濒临灭绝便会令那个海域的珊瑚礁被海藻植物所替代。同一时刻，其他一些不知名的传染物质使得该海域的其他一些常见的海洋生物遭遇了毁灭，特别是佛罗里达湾4000公顷的泰莱藻无一幸免。

因为人类影响而直接导致海洋物种出现交叉感染的问题更加严重，比如，生活在西伯利亚贝加尔湖中稀有的淡水海豹所受到的犬热病毒的感染，海洋深处的扇形珊瑚受到土壤中的真菌感染。这些现象都在说明陆地与海洋之间存在的自然屏障正在遭受破坏，海水升温与化学污染令海洋生物对传染病的抵抗力产生极大的下降。因此，科学研究者强调，目前，人类还没有发现与诊治出的海洋疾病还有很多种，这也说明了人类必须解决的问题便是跨学科展开研究，这样或许能让海洋环境与海洋生物种类避免受到不必要的伤害。

受污染的海洋威胁人类健康

随着陆地进入到海洋的污染物数量上越来越多，对海洋造成的污染也越来越严重。在所有陆源废弃物对海洋的影响中，最容易让人们联想到的便是：在海边充满了污物或恶臭，这种现象令人们很不舒服，无法再像以前那样到海水浴场游泳了；而大量的污染物对于渔船或者商船的推进器时常会产生阻碍；时常会听到一些有关于污染物被排放到海边时，导致沿海的鱼类与贝类暴死的消息；抑或是因为运输的油船了现事故，原油流到海上，导致海洋鱼类与鸟类的死亡。这里所提到的污染物是指任何可以导致海水受到污染的物质、生物或者能量。若是按照产业加以区分，则可以将其分成来自于家庭的污水、畜牧的污水、农业的污水及工业方面的废水。由于这些污水与废水有可能带有传染性病毒，很可能直接或者间接导致海洋生物死亡，抑或对人类及家畜造成严重的伤害。

对于人类来说，鱼类与贝类出现急性死亡不仅会造成经济上的损失，还提醒人们进行防范，这样才能避免大规模的灾难发生。不过，对于海洋污染最让人们担心的是长时间的影响，犹如水俣病一样，会在无形之中带来伤害。

海洋污染产生的长时间的影响主要表现在两个方面：第一，受到污染的海洋便对其整个生态系统产生破坏，导致来自海洋的食物也受到不良的影响；第二，受到污染的海洋会令海洋生物出现慢性中毒，当毒物发生累积时，往往会导致食用者死亡与发生慢性病变。

尽管在地球上，海洋面积约占地球总面积的四分之三，但是，生产力比较高的地方多是浅海岸与河口附近。人们从海洋之中捕捞到

的鱼类大都来自于距离海岸比较近的沿海与沿岸地区。由于在这些海域含十分丰富的营养盐，非常适宜植物性浮游生物的繁殖，使得海洋食物链中的第一个也是最为重要的一个步骤在此出现了。在河口附近则孕育着微小植物与动物，海洋中的很多重要的可食用鱼的幼鱼都需要在这样的环境下生长发育。而且大多数的大鱼需要依靠小鱼与小虾作食物源，这样才能维持其正常生存，而这些小鱼与小虾大多生活在河口与海岸附近。由于河口与海岸是接受陆地污染物最多的地方，一旦遭遇污染，势必会对海洋中的生态体系产生恶劣的影响。

遭受到了污染而令海洋的生态体系遭到破坏是人类对海洋污染最大的担忧，因为这方面的产影响非常深远。海洋污染还可以直接对人类产生影响，即海洋生物的慢性中毒可以导致人类死亡或出现慢性病变。比如，水俣病的直接致病因便是甲基汞中毒。

事实上，早在一百多年前，人类曾因为使用了甲基汞而引发中毒的事例。在20世纪50年代到70年代期间，曾有很多农民因使用甲基汞农药而中毒。面对同样是汞中毒引起的死亡事件，为何人们这样重视水俣病呢？之前的中毒案例大都发生在使用甲基汞的职业工人身上，一般的人是很难发生这种现象的。但是，当水俣病出现后，即使是人们不直接使用有毒物质或没有吸入有毒的物质，同样也有可能导致自身中毒。当水俣病出现之后，制造废水的工厂却称他们制造的主要产品并不是汞，在其排放出的废水中，即便存在汞漏出，其中的含量也是非常微小的，又怎么可能因为废水而引起水俣病呢？

针对工厂方面的说法，一些科学研究者纷纷投入试验中，最终大家得出，即使是只有微量的有毒物质，一旦排入大海之后，也会通过食物链与生物浓缩，一点一滴地累积直到令许多海洋生物都含有更多的毒物。普通的生物在其摄取食物且通过新陈代谢作用而产生出来的能量之中，大约存在不足一半的消耗于构成的新组织，而其他的则被用到呼吸中。当某些物质不参与生物的呼吸作用时，也没有办法有效地排出体外，便有一部分残留存在生物体中。其中，汞与其他重金属、有机氯剂农药及放射性物质等含毒量少的物质便具有这种特性，它们很不容易被排出体外。因此，排放到海洋中的微量毒物，最初会被低级生物直接吸收，低级生物又会被大一些的生物捕食，以此类推，每一个阶段排放出来的毒物都比摄取进去的毒物少。这样，排放到海洋中的有毒物质便会经过食物链不断累积。因此，当人类进食了这些带毒的海洋鱼类、贝类及其他海洋食品后，便有可能中毒。由此可见，海洋污染将严重威胁人类的健康。

产自于海底的噪声

在海洋环境之中，不仅仅会有来自于海面风浪、海洋生物活动的声波，还有来自于海上航运等自然与人为活动所发出来的声波。这些声波在传播过程中，便会与海面、海底及水体等产生相互的作用，并形成一个十分复杂的背景噪声场，人们通常将这种背景噪声场称为海洋环境噪声。海洋环境噪声可以对声呐装备的探测造成，可以导致被动声呐工作的性能发挥产生影响的主要因素之一。若想开展潜艇声音隐藏，就必须对海洋环境噪声物理参数进行了解。而相对于声呐设备的研制与使用而言，科学研究者首先只有对海洋环境噪声的特性有了充分的调查与分析之后，才能更好地进行生产制造。

随着人类科学技术与商业贸易不断快速发展，使得原本非常安详、寂静的浩瀚海洋，也变得热闹非凡起来。每年，美国海军都会在海底开展水底爆炸实验，而来来往往于各国之间的商船更是往来如织地行驶于宽阔的海洋面上，再加上海底石油的勘探与海洋各项开发活动，使得海洋变得不再安静。所有的这些活动都会制造出大量的噪声，对海洋动物造成严重的危害。由于通过人工制造出来的海底噪声，会严重影响到海洋动物的听觉，并且对行为产生干扰，迫使一些海洋动物不得不离开自己一直生活的海洋而爬到海边与沙滩上。

经过科学家的大量研究，如今人们已经确定那些发自于海洋的噪声已经导致海洋生物患上了各种各样的疾病。比如，当鲸与海豚再次潜入海底时，它们肺中的氮气便会被巨大的压力挤压出来，并不断进入其血液循环系统与组织中。它们在水中潜的时间越长，其体内积存的废气便会越多。一旦当它们浮出水面之后，便会将积存于体内的废气排出来。通过研究发现，低频率的声波可以有效地减弱鲸在体内积存废气的能力。还有一些科学家指出，外界的噪声可以令体内组织中的小气泡快速地收缩与膨胀，在每一个循环周期过程中，组织内的小气泡都会吸收更多溶解于血液中的气体，当这些气体越积越多时，便会导致组织破裂或堵塞血管。此外，由于那些小气泡还会对神经产生压迫，从而导致生物方向感的消失与关节疼痛。

美国哈佛大学医学院的科学家研究发现，由军舰发出的尖叫声会令海豚的心脏、肺、脾及某些敏感的器官，比如耳朵等器官受到极大的伤害。体积越小的动物，噪声便会对其产生的危害越大。

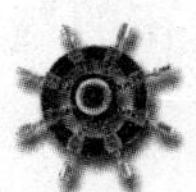

如何防治海洋污染

当面对来自于各方面的污染时，纵然海洋有着自然环境强大的自我净化功能，却无力抵御各个领域无情的污染物，从而使得地球的深蓝地带污染愈发严重，尤其是入海排污口的生态环境质量等级极差，人工利用海水的养殖无序、无度，远远超出了海水水域的承受能力与环境自净能力范围；排放到海洋的垃圾污染也是不容忽视，尤其是溢油污染的后果更为严重。种种问题摆在面前，使得人们不得不加强对海洋污染的防治工作。

就海洋环境污染的防治与恢复方面的问题，一些科学研究者指出：在对海洋环境污染的防治与恢复过程中，一定要实施“整个过程的控制”与“最终的治理”相结合的策略，努力走全面生态化的路线，令海洋环境与社会经济建设呈现协调发展。

对于来自于陆地的排海潜水，一定要给予有效的治理与控制。对于存在于生活中的污水，在进行城市建设规划与设计中，应当运用将雨水与其他生活废水分开排放与分别处理的方法；对于农田废水，则需要在农业生产中，对化肥与农药的使用种类及使用量进行选择与控制，努力令高效低毒的农药与其他助剂被运用到农业生产中；对于来自于工业方面的废水，在展开陆地工业生产时，就要提倡与推广清洁生产与循环生产的工业系统，加以加强生态工业园区的建设，达到消耗小、物质再利用、少出或不出废物的生态工业生产目标。此外，还应当坚持“以海定陆”的原则，将海洋环境质量目标作为确定江河入海口的水质标准并不断上推，制定出江河沿岸各区段的水质标准与沿岸各城市污水排放标准，甚至各企业单位的污水

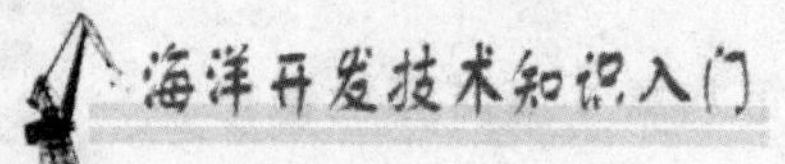

排放标准。

相关部分还应当加强海洋环境监测。在日常生活中，应当建立环境事故应急监控与重大环境突发事件预警体系，对于那些潜在的与突发性的重大环境灾难与生态风险实施动态评估与事前预警预报，并制订出应对海洋生态灾害与石化产业中出现的突发性环境风险的应急配套方案。对于那些有着环境风险隐患的企业，一定要求其制定出企业突发环境事件应急预案。不仅如此，还必须不断开拓海洋环境监测领域，并且大力开展海洋生态、海洋大气及污染源等专项监测，并且建立起以航空遥感作为主要手段与监测船、海岸观测站为辅的较为完整的监测监视网络，从而令远海的监视能力得到极大的发展与提升。

再者，还可以将经济杠杆作为海洋产业发展起着调控作用的手段。对于那些需要高技术含量、经济效益与社会效益比较好的海洋产业与企业，应当实行低利率标准；而对于那些效益低、会造成资源浪费及污染严重的企业，应当实行高利率要求，并且控制该企业的贷款规模，这样才能有效限制其规模与发展。在税收政策方面，需要增加税种，比如增加生态税与产品污染税等，而且还要在税率是分开档次，对于那些重点扶持的海洋产业，可以在一定的时间内减免某些税收。

防治海洋污染还可以从优化海洋产业结构调整处入手。人们应当进一步加强对滩涂养殖与湿地恢复以及保护的统一规划与统一管理，在使得布局港口与工业岸线合理化的情况下，鼓励与扶持的海洋资源环境可持续利用的产业，限制会对海洋资源环境产生破坏的产业。

对珊瑚礁实施保护措施

珊瑚礁可以为人类带来许许多多的利益，它不仅可以为人类提供食物、帮助人类维持生计，还支撑着旅游业，并对海岸起着保护的作用，甚至还有助于人类抵御疾病。全球有着将近3亿人口居住在珊瑚礁附近，在100多个国家与地区中，珊瑚礁则对15万千米的海岸线起着保护的作用，并且帮助海岸社区与基础设施抵御风暴和侵蚀。珊瑚礁出现的衰退与消失现象，最有可能对27个国家产生社会与经济影响。其中有可能产生最大影响的国家是海地、瓦努阿图、菲律宾、坦桑尼亚、格林纳达、斐济、印度尼西亚及基里巴斯等国家。

从科学研究者最近提出的分析报告来看，当前全球四分之三的珊瑚礁正在遭受来自全球与区域范围内的各类威胁。科学研究者提出的这项报告，第一次确认了地球气候变化将会对珊瑚礁产生的危害，甚至还会导致海水变暖与出现持续性的海水酸化。来自于区域的威胁则是指人们过度捕捞海洋动物、过度开发海岸带、使海洋受到严重的污染等。正是因为这些区域因素的存在，使得全球60%的珊瑚礁面临着快速且直接的威胁。

科学研究者提出的这项报告为世人敲响了警钟，让人们意识到当下亟须解决的问题便是加强对珊瑚礁的保持力度。在区域性威胁中，过度的捕捞与破坏性捕捞是导致诸多珊瑚礁出现衰退的元凶，而海洋温度的不断上升、二氧化碳的不当排放，都导致海洋酸化且以全球性的势态使得珊瑚礁的“漂白”现象增加。若是人们不对此种现象加以抑制，用不了20年，便会有超过90%的珊瑚礁遭受威胁；而40年后，几乎所有的珊瑚礁会陷入危机之中。

对于无数的人来说，珊瑚礁是十分宝贵的海洋资源。虽然现在很多珊瑚礁都面临着严峻的危机形势，但是并不是没有希望改变这种现象，因为珊瑚礁是可以进行恢复的。一些科学研究者找到了保护珊瑚礁的全球性解决方法，若是能够有效地减少区域威胁，便可以为人类赢得展开珊瑚礁恢复的工作时间。

一些科学研究者提出了可以更好地保护与管理珊瑚礁的多项建议，其中包含建造海洋保护区。因为，超出四分之一的珊瑚礁已成为海洋公园与保护区中保护的对象，这要比其他任何海洋生物都要多。但是事实上，在保护区仅仅有6％的珊瑚礁得到了真正有效的保护。而妥善管理的海洋保护区是对珊瑚礁实施保持的最有效的手段之一，由于珊瑚礁与人以及自然都存在很大的关系，若是能够保证稳定的食物供应，加强珊瑚礁从“漂白”中的恢复，将其设置为吸引游客的磁石，就能让珊瑚礁得到更好的保护。

将二氧化碳压到海底

经过长时间的研究，科学研究者已经寻找到了一条新的途径：运用化学方法将上万亿吨的二氧化碳气体压入海底。如此巨大的二氧化碳量是预期未来100年全球碳排放量的许多倍。这项研究计划主要是将温室气体注入位于海洋底部的巨大的多孔玄武岩地层中。不过，若想实现这一工程，所需要的费用是巨大的，并且还存在一些有待解决的技术方面的问题。

全球越来越多的科学研究者不断寻找能够在地质构造中将二氧化碳气体永久封存的可能性，他们希望那些来自电厂或工厂直接排放到大气中的二氧化碳能够被分离出来。直到现在，很多小型或中等规模的研究都是将地下蓄水层或废弃的油井与气井作为封存二氧化碳的可能场所。尽管其中有一些方法是切实可行的，但这些场所拥有的封存能力却是有限制的，甚至还有可能引发一系列的环境问题，比如，二氧化碳有可能渗漏到地表水中。

不过，科学研究者已经能够详细阐述位于深海的玄武岩地层作为人类分离碳废料的替代场所的可能性。由美国哥伦比亚大学的地球观测实验室的地质物理学家所领导的研究小组，他们将目光聚集到了胡安德富卡板块中面积达到7万平方千米的地方。因为在距离俄勒冈州海岸大约200千米的海底，那里埋藏着许多多孔的玄武岩，这些玄武岩犹如蜂巢一般埋藏在黏土沉积层下方的200多米处。通过对这一区域的研究，科学家们发现，仅仅这一个区域便可将超出2500亿吨的二氧化碳气体封存起来。

在美国这个研究小组的计划中，他们将会把二氧化碳以液体的形式注射到海底，这些被注入海底的液体二氧化碳将会在黏土沉积层下被封存几十年甚至几个世纪。此外，美国研究小组的负责人称：二氧化碳将与玄武岩产生反应，并且会形成白垩。这是科学研究者在实验室与陆地上的玄武岩地层进行的野外测试而得出的结果，可以确定的是这一化学反应是无法逆转的。

此外，美国研究小组的负责人还表示，他们发明的这项技术有着非常巨大的潜在优势，只是在展开实际操作之前，还必须经过大量的实验研究才能真正确定下来。比如，他们还要进行野外测试，其目的便是确定在实际操作中可能出现的泄漏的情况。负责人同样指出，这项工程将需要巨大的花费。不过，若是这项工程能够真正实现将二氧化碳封存到海底的优势，最终可以证明这些额外的花费都是非常值得的。

打造一座海岸上的绿色长城

据有关资料显示，海南全岛分布着上千千米的沙质海岸，在新中国成立以前，那里基本上是没有任何的海防林的，尤其是文昌、肆宁及陵水等沿海市县，时常会遭受风沙的袭击。过去，有 90%的人时常会患上沙眼病与红眼病。到了 20 世纪 50 年代，由于文昌市翁田镇没有海防林的保护，使得流沙每年将超过百亩的耕地淹没，随处可见“三天烈日地冒烟、一场暴雨沙埋田”的现象。

为了解决风沙对人类的生活带来的影响，自从 20 世纪 50 年代开始，海南人便着手在沿海建造林木防风治沙；到了 20 世纪 60 年代，出现了海防林造林的第一个高潮；随后的 10 年到 20 年期间，海防林工程又得到不断的发展。但是后来，由于人们不合理的开发等多方面的原因，人们建造起的“绿色长城”被无情地撕开一道长长的口子，环海南岛海防林出现了长达 229 千米的断带。

海南沿海的“绿色长城”

为了弄清楚是什么原因导致环岛海防林出现断带的情况，有一些科研人员展开了相关调查，最终发现是因为人们挖虾塘、采矿、偷伐滥伐与不合理开发等造成的。到了2007年，海南省政府提出了随后五年生态公益林要得到有效保护，使得断带海防林得到恢复，为环境创造更加适宜的条件。

在开展的海防林建造工程中，最大的一个亮点便是规范的管理。政府方面制定出了一系列有关于防林建设的地方法规，并且在沿海市县招聘专管员600人，让他们对海防林带实施专人专职管护。这支专业的队伍，使得海防林工程的造林质量得到极大的保障。

目前，不管是在海南北端的木兰头，还是在海南南端的三亚市崖城滨海，抑或是其东部的万宁市春园湾畔、西北的昌江黎族自治县石港塘及东南的乐东黎族自治县龙腾湾，再也看不到昔日黄沙飞扬的荒沙地、西瓜田及钛矿场，全部变成了有着秀美景色的绿色海岸，建在海岸线上的海防林正在茁壮成长。